新一代人工智能 2030 全景科普丛书

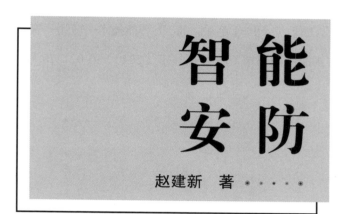

智能安防

赵建新 著

科学技术文献出版社
SCIENTIFIC AND TECHNICAL DOCUMENTATION PRESS
·北京·

图书在版编目（CIP）数据

智能安防 / 赵建新著. —北京：科学技术文献出版社，2020.9
（新一代人工智能2030全景科普丛书 / 赵志耘总主编）
ISBN 978-7-5189-6396-6

Ⅰ.①智… Ⅱ.①赵… Ⅲ.①智能技术—应用—安全监控系统 Ⅳ.① X924.3-39

中国版本图书馆 CIP 数据核字（2020）第 021278 号

智能安防

策划编辑：郝迎聪　　责任编辑：李　晴　　责任校对：张吲哚　　责任出版：张志平

出 版 者	科学技术文献出版社	
地　　址	北京市复兴路15号　　邮编　　100038	
编 务 部	（010）58882938，58882087（传真）	
发 行 部	（010）58882868，58882870（传真）	
邮 购 部	（010）58882873	
官 方 网 址	www.stdp.com.cn	
发 行 者	科学技术文献出版社发行　　全国各地新华书店经销	
印 刷 者	北京时尚印佳彩色印刷有限公司	
版　　次	2020 年 9 月第 1 版　　2020 年 9 月第 1 次印刷	
开　　本	710×1000　　1/16	
字　　数	193千	
印　　张	14.75	
书　　号	ISBN 978-7-5189-6396-6	
定　　价	58.00元	

总　序

人工智能是指利用计算机模拟、延伸和扩展人的智能的理论、方法、技术及应用系统。人工智能虽然是计算机科学的一个分支，但它的研究跨越计算机学、脑科学、神经生理学、认知科学、行为科学和数学，以及信息论、控制论和系统论等许多学科领域，具有高度交叉性。此外，人工智能又是一种基础性的技术，具有广泛渗透性。当前，以计算机视觉、机器学习、知识图谱、自然语言处理等为代表的人工智能技术已逐步应用到制造、金融、医疗、交通、安全、智慧城市等领域。未来随着技术不断迭代更新，人工智能应用场景将更为广泛，渗透到经济社会发展的方方面面。

人工智能的发展并非一帆风顺。自 1956 年在达特茅斯夏季人工智能研究会议上人工智能概念被首次提出以来，人工智能经历了 20 世纪 50—60 年代和 80 年代两次浪潮期，也经历过 70 年代和 90 年代两次沉寂期。近年来，随着数据爆发式的增长、计算能力的大幅提升及深度学习算法的发展和成熟，当前已经迎来了人工智能概念出现以来的第 3 个浪潮期。

人工智能是新一轮科技革命和产业变革的核心驱动力，将进一步释放历次科技革命和产业变革积蓄的巨大能量，并创造新的强大引擎，重构生产、分配、交换、消费等经济活动各环节，形成从宏观到微观各领域的智能化新需求，催生新技术、新产品、新产业、新业态、新模式。2018 年麦肯锡发布的研究报告显示，到 2030 年，人工智能新增经济规模将达 13 万亿美元，其对全球经济增长的贡献可与其他变革性技术如蒸汽机相媲美。近年来，世界主要发达国家已经把发展人工智能作为提升其国家竞争力、维护国家安全的重要战略，并进行针对性布局，力图在新一轮国际科技竞争中掌握主导权。

德国 2012 年发布 10 项未来高科技战略计划，以"智能工厂"为重心的工业 4.0 是其中的重要计划之一，包括人工智能、工业机器人、物联网、云计算、大数据、3D 打印等在内的技术得到大力支持。英国 2013 年将"机器人技术及自治化系统"列入了"八项伟大的科技"计划，宣布要力争成为第四次工业革命的全球领导者。美国 2016 年 10 月发布《为人工智能的未来做好准备》《国家人工智能研究与发展战略规划》两份报告，将人工智能上升到国家战略高度，为国家资助的人工智能研究和发展划定策略，确定了美国在人工智能领域的七项长期战略。日本 2017 年制定了人工智能产业化路线图，计划分 3 个阶段推进利用人工智能技术，大幅提高制造业、物流、医疗和护理行业效率。法国 2018 年 3 月公布人工智能发展战略，拟从人才培养、数据开放、资金扶持及伦理建设等方面入手，将法国打造成在人工智能研发方面的世界一流强国。欧盟委员会 2018 年 4 月发布《欧盟人工智能》报告，制订了欧盟人工智能行动计划，提出增强技术与产业能力，为迎接社会经济变革做好准备，确立合适的伦理和法律框架三大目标。

党的十八大以来，习近平总书记把创新摆在国家发展全局的核心位置，高度重视人工智能发展，多次谈及人工智能的重要性，为人工智能如何赋能新时代指明方向。2016 年 8 月，国务院印发《"十三五"国家科技创新规划》，明确人工智能作为发展新一代信息技术的主要方向。2017 年 7 月，国务院发布《新一代人工智能发展规划》，从基础研究、技术研发、应用推广、产业发展、基础设施体系建设等方面提出了六大重点任务，目标是到 2030 年使中国成为世界主要人工智能创新中心。截至 2018 年年底，全国超过 20 个省（区、市）发布了 30 余项人工智能的专项指导意见和扶持政策。

当前，我国人工智能正迎来史上最好的发展时期，技术创新日益活跃、产业规模逐步壮大、应用领域不断拓展。在技术研发方面，深度学习算法日益精进，智能芯片、语音识别、计算机视觉等部分领域走在世界前列。2017—2018 年，中国在人工智能领域的专利总数连续两年超过了美国和日本。在产业发展方面，截至 2018 年上半年，国内人工智能企业总数达 1040 家，位居世界第二，在智能芯片、计算机视觉、自动驾驶等领域，涌现了寒武纪、旷视等一批独角兽企业。在应用领域方面，伴随着算法、算力的不断演进和提升，越来越多的产品和应用落地，比较典型的产品有语音交互类产品（如智能音箱、智能语音助理、智能车载系统等）、智能机器人、无人机、无人驾驶汽车等。人工智能的应用范围则更加广泛，目前已经在制造、医疗、金融、教育、安防、商业、智能家居等多个垂直领域得到应用。总体来说，目前我国在开发各种人工智能应用方面发展非常迅速，但在基础研究、原创成果、顶尖人才、技术生态、基础平台、标准规范等方面，距离世界领先水平还存在明显差距。

1956 年，在美国达特茅斯会议上首次提出人工智能的概念时，互联网还没有诞生；今天，新一轮科技革命和产业变革方兴未艾，大数据、物联网、深度学习等词汇已为公众所熟知。未来，人工智能将对世界带来颠覆性的变化，它不再是科幻小说里令人惊叹的场景，也不再是新闻媒体上"耸人听闻"的头条，而是实实在在地来到我们身边：它为我们处理高危险、高重复性和高精度的工作，为我们做饭、驾驶、看病，陪我们聊天，甚至帮助我们突破空间、表象、时间的局限，见所未见，赋予我们新的能力……

这一切，既让我们兴奋和充满期待，同时又有些担忧、不安乃至惶恐。就业替代、安全威胁、数据隐私、算法歧视……人工智能的发展和大规模应用也会带来一系列已知和未知的挑战。但不管怎样，人工智能的开始按钮已经按下，而且将永不停止。管理学大师彼得·德鲁克说："预测未来最好的方式就是创造未来。"别人等风来，我们造风起。只要我们不忘初心，为了人工智能终将创造的所有美好全力奔跑，相信在不远的未来，人工智能将不再是以太网中跃动的字节和 CPU 中孱弱的灵魂，它就在我们身边，就在我们眼前。"遇见你，便是遇见了美好。"

新一代人工智能 2030 全景科普丛书力图向我们展现 30 年后智能时代人类生产生活的广阔画卷，它描绘了来自未来的智能农业、制造、能源、汽车、物流、交通、家居、教育、商务、金融、健康、安防、政务、法庭、环保等令人叹为观止的经济、社会场景，以及无所不在的智能机器人和伸手可及的智能基础设施。同时，我们还能通过这套丛书了解人工智能发展所带来的法律法规、伦理规范的挑战及应对举措。

　　本丛书能及时和广大读者、同人见面，应该说是集众人智慧。他们主要是本丛书作者、为本丛书提供研究成果资料的专家，以及许多业内人士。在此对他们的辛苦和付出一并表示衷心的感谢！最后，由于时间、精力有限，丛书中定有一些不当之处，敬请读者批评指正！

赵志耘

2019 年 8 月 29 日

序　言

　　人工智能技术尤其是深度学习的突破，掀开了人工智能发展的新篇章。人工智能技术的发展，最终要聚焦在为人类社会创造价值。具体体现在技术与场景的深度融合，使人工智能在学习理解、智能决策等方面构建与人类相似的思维决策机制，增进智能分析与决策的能力。安防是人工智能技术重要的应用领域之一，传统安防向智能安防的转变升级史，正是一部人工智能落地应用的探索发展史。人工智能技术从知人，到知意，再到知事能力的不断提升，助推安防智能化手段实现从预警，到预测，再到预防的跃迁。

　　智能安防行业初期发展集中在感知层，安防系统智能化表现为"看得见、听得清"。经过一段时间的应用探索，智能安防在感知层已经有了很大的创新突破，人工智能在视觉、听觉等感知层面的准确率与效率均超过人类，计算机视觉、语音识别、机器学习等技术得到了很好的发展应用。智能安防行业的深入发展将集中在认知决策层，表现为"看得懂、听得明"。人工智能技术能够深刻理解视频、图像、语音背后的释义，并辅助人类快速做出判断。从被动安防向主动安防的突破，是智能安防从感知层向认知决策层跃升的标志。

　　智能安防行业的发展还有很长的路要走。当前智能安防行业发展仍然面临数据资源分散、开放程度不高，以及智能分析技术不成熟、多场景关联分析能力较差等问题。相信未来随着5G、云计算、区块链等新兴技术与人工智能技术的不断融合，安防智能化水平将得到进一步提升。智能安防行业发展将呈现出数据资源集聚化、算力平台云端化、算法部署前端化的特征，并催生出更多应用场景，带来广阔的战略机遇与发展空间。

诚如书中所言，智能安防绝不仅仅是在公共安全这一细分领域发挥作用。当今社会，平安城市、雪亮工程、智慧城市等城市级应用为智慧安防规划了广阔蓝图，安防的概念也已经扩展到应急管理、环境治理、食品安全等各个领域，真正成为"大安防"的概念。虽然所属行业有所不同，但是上述各领域都具有基础数据量庞大、数据结构复杂、响应速度要求高等特点，而这正是人工智能技术的能力所长。通过将自然语言理解、知识图谱等人工智能技术与应用场景深度结合，能够提升安防智能化水平，加快社会治理现代化进程。

未来，随着人工智能技术的不断发展，智能安防将实现全方位感知、全场景覆盖、全要素关联、全数据共享，更加以无感的形式存在于我们的日常生活中，并在联防联动、快速响应等方面发挥巨大作用。同时，智能安防的快速发展必然会引起公众对于隐私保护、信息安全、数据权限等的担忧，书中对于这些问题都进行了探讨与思考。相信人类有能力引导、规范人工智能技术的发展与应用，在数据智能推动社会进步的过程中增进全人类福祉。

北京百分点信息科技有限公司　董事长 &CEO　苏萌

前 言

　　经过多年沉寂之后，人工智能终于在深度学习的带动下迎来了一次新的发展高潮，并且率先在机器视觉，特别是人脸识别技术上取得了历史性突破，打开了产业化应用的市场空间。但是，这一次，技术是否能真正走出实验室？什么场景会对人脸识别技术有大规模的应用需求？人工智能技术是否还会和过去曾经经历过的一样雷声大雨点小吗？

　　与此同时，安防行业也经历了从模拟到数字，从标清到高清的换代升级，广泛布置的监控摄像头拍摄了海量的视频，但绝大部分却只是在硬盘里存了删、删了存，没有能被有效利用。监控视频的使用方式并没有随着摄像头分辨率的提高而有任何变化。数量上的增加反而带来了一些诸如成本增加等负面影响。同时，单纯依靠人力已经看不过来那么多的视频内容了，更不用说什么分析、预测了，那么采集这么多视频数据的意义何在？硬件升级的价值无法有效体现，如果没有新的突破，找到新的价值点，还有必要继续把高清摄像头升级成为超高清甚至4K的摄像头吗？安防行业似乎也将面临增长空间达到极限的问题。

　　就在这个时候，人类技术史上一次美丽的邂逅出现了。人脸识别技术就像是一个初出茅庐的小伙子遇到了安防这个家大业大的富家千金。安防不仅为人脸识别提供了富足的营养（大量的数据用于模型训练），让其越来越强壮，还给这个小伙子找到了体现价值的方向，直接安排了工作。就这样，智能安防作为这次邂逅的产物，应运而生。

所幸，有了人工智能技术撑腰，安防也没有让我们失望，仅仅利用一个歌星的演唱会就轻松将几个潜逃多年的罪犯抓捕归案。对于安防来说，很多原来只敢想不能做，甚至想都不敢想的事儿，现在都具备了操作的条件。而智能安防的征途也从街头巷尾，拓展到了星辰大海。

但是，在智能安防正式踏上征程之前，还有个问题始终困扰着我们。安防究竟是什么？安防的边界到底应该在哪里？在西方的语境里，安全有 safety 和 security 的区分，而在东方语境里，安全只是一个宽泛的概念。当我们继续深入了解之后，发现其实东方也有天灾、人祸的区别，尽管和西方的分类并不直接对应，但还是能够对我们所要面对的安全问题有个基本的逻辑划分。基于这样的划分，很长时间以来，我们事实上已经习惯了只把人祸作为安防范畴的安全问题来看待，把公安部门的工作当作是安防工作的全部，甚至在产业界，很多时候只有视频监控才被认为是安防行业。

那么，在正式讨论智能安防之前，我们有必要首先说明，安防绝不仅仅是摄像头，视频数据只是感知世界的一种媒介，还有更多元的媒介可以使用。人工智能技术感知世界的方式也不局限于机器视觉，声音、震动等都可以成为重要的感知方式，人工智能感知世界的逻辑和人类也不尽相同，能以人类无法想象的方式感知到人类完全不可知的数据。而且，感知只是我们应对安全问题的开始，远不是结束。我们还需要在感知的基础上，提高我们的预测预警能力，防患于未然，并且尽力增强我们应对安全问题的抗打击能力，如应急、救援、指挥等。

从人工智能技术应用的角度，安防的范畴也不仅限于公共安全。在《新一代人工智能发展规划》中，人工智能在安防领域的应用就包括促进人工智能在公共安全领域的深度应用，推动构建公共安全智能化监测预警与控制体系。围绕社会综合治理、新型犯罪侦查、反恐等迫切需求，研发集成多种探测传感技术、视频图像信息分析识别技术、生物特征识别技术的智能安防与警用产品，建立智能化监测平台。加强对重点公共区域安防设备的智能化改造升级，支持有条件的社区或城市开展基于人工智能的公共安防区域示范。强化人工智能对食品安全的保障，围绕食品分类、预警等级、食品安全隐患及评估等，建立智能化食品安全预警系统。加强人工智能对自然灾害的有效监测，围绕地震灾害、地质灾害、气象灾害、水旱灾害和海洋灾害等重大自然灾害，构建智能化监测预警与综合应对平台等。这些实际上都是未来智能安防所要覆盖的范围。

　　安防行业自身也表现出了强烈的智能化发展的意愿。《中国安防行业"十三五"（2016—2020 年）发展规划》把实现机器视觉、语音识别、生物特征识别、安保机器人等关键技术的突破，提升智能技术在安防各领域的实战应用和效能，提升安防系统的智能化水平作为重要的战略方向。各个领先的安防企业更是已经把智能化作为产业突破的关键着力点，纷纷围绕智能安防推出各种产品、服务方案。从企业经营的角度看，摄像头也不仅仅是安防，监控摄像头可以有更多样化的用途，视频数据也不一定仅对安防有价值，对于城市管理、运营，甚至商业都有重要意义。传统意义上的安防企业，本质上提供的是数据采集服务，而这个服务不一定只局限于安防领域的需求。例如，摄像头，典型的场景就还有高速公路 ETC 收费系统的需求，其核心目的也不是安防，但仍旧可以成为传统安防企业重要的服务领域。也正因如此，一些大型安防企业都逐步将自身的定位从视频监控或者安防服务提供商，转向物联网、大数据解决方案提供商。

　　当然，鉴于人工智能技术本身的成熟度，目前阶段还主要是人脸识别、语音识别等智能感知技术具备了产业应用的基础。同时，视频监控又是目前产业发展最为成熟、各方投入资源力度最大、市场竞争最为激烈，也是新技术应用最广泛、最成功的安防领域。因此，我们在本书中讨论的内容重点还是围绕公共安全，特别是视频监控来展开的。

　　当前，平安城市、雪亮工程等大型项目建设在全国各地如火如荼地开展起来，互联网巨头、传统安防企业、人工智能公司等纷纷将智能安防作为企业未来重要的战略方向，在投入大量资源开疆拓土的背景下，编写并出版本书，和行业内各位专业人士和所有对安防智能化感兴趣的朋友们一起探讨智能安防的前世今生和未来发展，意在为大家提供一种不同维度的观察和思考。笔者并没有特意关注和介绍技术本身的细节，而是结合技术的属性和安防工作的需求，试着去探讨人工智能相关技术在安防行业落地的场景和有可能的实现路径。由于笔者知识和经验的局限，书中观点偏颇、错误、疏漏之处在所难免，恳请大家多多包涵，并不吝批评指正。

本书写作过程中得到了很多科技行业和安防行业朋友的支持，提供了很多素材和观点，包括王喜文老师在写作方面的指导，在此一并致以最诚挚的感谢。另外，还要感谢科学技术文献出版社郝迎聪编辑的指导和帮助。最后，要特别感谢笔者的家人一直以来的理解和支持。无论科技怎么发展，社会如何变迁，与家人朋友相守相随、平安健康才是人生最快乐幸福的事情。

引 子

2005 年 7 月 7 日，在英国伦敦市连环发生至少 7 次爆炸案，数个伦敦地铁站及数辆巴士爆炸，共造成 56 人死亡，逾百人受伤。

2006 年 7 月 11 日，在印度最大城市及经济中心马哈拉施特拉邦首府孟买的区域铁路，7 辆通勤列车发生连环爆炸事故，共导致 188 人死亡，800 余人受伤。

2007 年 4 月 16 日，美国弗吉尼亚理工大学发生校园枪击案，造成包括韩裔凶手赵承熙在内共 33 人死亡，29 人受伤，成为美国历史上伤亡最惨重的枪击事件。

2008 年，中国发生三聚氰胺事件，超过 300 000 人受影响，正式住院的有 12 892 人，死亡 4 人。

2009 年 7 月 5 日，新疆乌鲁木齐发生打砸抢烧严重暴力犯罪事件，造成 184 人死亡（其中绝大多数为无辜民众），1680 人受伤，其中重伤 216 人、病危 74 人。另外，还有 633 户房屋受损，29 户房屋被焚毁，627 辆车被砸、被烧，不少店铺的货物被砸、被抢，许多市政、电力、交通等公用设施遭到严重破坏。

2010 年 3 月 23 日，福建省南平市延平区实验小学门口发生一起凶杀案，造成 8 人死亡，5 人受伤，伤亡人员均为南平实验小学学生。此后两个月内，我国连续发生 6 起针对小学和幼儿园的惨案。

2011 年 4 月 22 日，榆林市一小学出现学生因饮用宝鸡生产的蒙牛纯牛奶（学生专用牛奶）导致集体食物中毒事件，先后共有 251 名学生被送往医院治疗。

2011 年，德国发生大肠杆菌 O104 ： H4 感染事件，造成 53 人死亡，超过 3950 人受到影响。

2012 年 2 月 28 日，位于河北省石家庄市赵县生物产业园的河北克尔化工有限公司一号车间发生爆炸，共造成 25 人死亡、4 人失踪、46 人受伤。

2012 年 7 月 21—22 日，北京市及其周边地区遭遇 61 年来最强暴雨及洪涝灾害。此次暴雨共计造成房屋倒塌 10 660 间，几百辆汽车损坏，79 人因此次暴雨死亡，160.2 万人受灾，经济损失 116.4 亿元。

2013 年 6 月 7 日，福建省厦门市一公交车在行驶过程中突然起火，造成 47 人死亡，34 人受伤。经公安机关缜密侦查，认定这是一起严重的刑事案件，犯罪嫌疑人陈水总当场被烧死。

2014 年 3 月 1 日晚，云南省昆明市发生一起严重的暴力恐怖袭击事件。10 余名统一着装的暴徒蒙面持刀在云南昆明火车站广场、售票厅等处砍杀无辜群众。事件共计造成 29 人死亡，143 人受伤。

2014 年 3 月 8 日，载有 227 名乘客的马来西亚航空公司 MH370 航班在起飞 42 分钟后与地面失去联系，从此杳无音信。

2014 年 12 月 31 日 23 时 35 分，很多游客市民聚集在上海外滩迎接新年，上海市黄浦区外滩陈毅广场东南角通往黄浦江观景平台的人行通道阶梯处底部有人失衡跌倒，继而引发多人摔倒、叠压，致使拥挤踩踏事件发生，造成 36 人死亡，49 人受伤。

2015 年 8 月 12 日，位于天津市滨海新区天津港的瑞海公司危险品仓库发生火灾爆炸事故，共计造成 165 人遇难，8 人失踪，798 人受伤，304 幢建筑物、12 428 辆商品汽车、7533 个集装箱受损。

2016 年 1 月 5 日，银川市公交公司 301 路公交车在行驶途中，突然发生火灾，事故共计造成 18 人死亡，32 人受伤。

2017 年 11 月 22 日晚，北京市有 10 余名幼儿家长反映朝阳区管庄红黄蓝幼儿园（新天地分园）国际小二班的幼儿遭遇老师扎针、喂不明白色药片，并提供孩子身上多个针眼的照片。

2018 年 8 月 24 日，浙江省乐清市一名 20 岁女孩乘坐滴滴顺风车后失联，后被证实遭到该顺风车司机强奸、杀害。

2019 年 3 月 21 日，江苏省盐城市响水县陈家港化工园区内江苏天嘉宜化工有限公司发生爆炸事故。事故导致 47 人死亡，120 余人重伤。

2019 年 10 月 10 日晚，江苏省无锡市一座高架桥突然倒塌，导致桥下 3 辆轿车被压，3 人死亡，2 人受伤。

这个世界远没有我们以为的那么太平，安全威胁潜藏在生活的各个角落。如果你从来都不曾感觉到危险，那是因为有人在你看不到的时间和地点默默为你守护。

目　录

第四部分　　智能安防的未来展望

第一部分

智能安防是什么

　　著名的马斯洛需求层次理论将人类的需求从低到高分成了 5 个层次，分别是生理需求、安全需求、社交需求、尊重需求和自我实现需求。安全是一个人在吃喝拉撒睡等生理需要得到满足之后，首先需要获得满足的需求。从实践角度看，安防可以说是人类结束狩猎采集的原始社会生活之后，率先受到关注并且取得了各种创新发展的领域。不同的时代，人们面对不同的安防需求，也创造出多样化的安防能力和模式。在人工智能广泛应用于社会生活的智能时代，安防又将迎来什么样的变革？

第一章

人工智能发展简介

　　说到人工智能，我们得先从一个著名的实验开始。1950 年，一篇题为《计算机器与智能》的论文横空出世，预言人类将会创造出具有真正智能的机器。在如何判断是否"智能"的问题上，作者提出了一个测试方法，如果一台机器能够和人类对话，而人类不能辨别其机器的身份，那么就可以说这台机器是智能的。那么，怎么就算是人类不能辨别机器的身份呢？简单来说，就是我们让一群人轮流向一台机器提问，当然是通过键盘、显示器等装置，如果超过 30% 的人不能区分回答问题的是机器还是人，或者说超过 30% 的人认为回答问题的是人而不是机器，那么这台机器就算是通过了测试，并被认为具备智能。这个实验就是著名的图灵测试，而作者就是被后人称为"人工智能之父"的英国数学家艾伦·图灵。从此以后，图灵测试就成了所有研究机器智能、人工智能的科学家、爱好者等不懈努力试图攻破的城堡，也是衡量一台机器是否具有智能最受欢迎也最为权威的测试。那时距离"人工智能（artificial intelligence）"这个名词被正式提出还有 4 年的时间。

　　现在来看，通过图灵测试似乎并不是一件特别困难的事情。小度、小爱、小娜、Siri 等能和人类流畅对话的智能助手已经充斥在日常的生活中。但实际上，直到 2014 年，才有第一台电脑，更准确地说是一个名叫尤金·古斯特曼（Eugene Goostman）的电脑程序成功地让人相信它是一个 13 岁的小孩，成为有史以来第一个通过图灵测试的机器。而在 17 年前，IBM 公司的深蓝就已经在国际象棋比赛中战胜人类顶级的棋手了。

经过半个多世纪的探索，人工智能当前的发展水平已经远超出了绝大多数前人的想象。图灵测试也很难继续作为判断机器是否智能的有效标准。但 60 多年前，艾伦·图灵的灵光闪现，使人工智能的种子开始在人类的头脑中萌芽。其所提出的很多问题和设想，指引着后来研究者们前进的方向，为整个人类文明开启了一个全新的时代，值得我们长期铭记。

一、人工智能的定义

如果你是一个生活在大城市的科技爱好者，经常阅读科技媒体的文章或者对人工智能这个词有格外关注，那你一定会觉得我们已经身处一个人工智能的时代了。早上醒来，你的智能手表就会告诉你昨晚你是几点睡的，一共睡了几个小时，醒了几次，甚至有没有打呼噜。来不及吃早饭，看了一眼你的智能手机为你规划好的最快到达单位的路线，就匆匆开车出门了。在单位楼下的便利店，你通过刷脸支付购买了一个新鲜的西红柿三明治作为早餐。走进办公室的同时，智能考勤系统已经确认了你上班的记录，再也不用费劲翻找那张能证明你身份的卡片了。你的办公桌上放着一个五分钟前收到的快递，那是昨天晚上电商网站推荐给你的防晒霜，原因是昨天下午你用手机查询了天气预报。而你刚刚吃掉的那两片西红柿可能一生都没有见过真正的太阳，之所以能够长大、变红是因为一个智能化的种植大棚为其提供了最适合生长所需的光照、温度和湿度。我们周围的一切都已经被智能化或者在被智能化的路上了。就在你琢磨物联网到底和你的生活有什么关系的时候，智能物联网（AIOT）开始强势占领了所有媒体的版面。你还没完全搞懂什么是云计算呢，科技巨头们已经在谈论并推广智能云服务了。但是，这些就是人工智能吗？人工智能到底是什么？

人工智能这个名词的出现，要追溯到 1956 年 8 月，在美国的达特茅斯学院，年轻的数学系助理教授约翰·麦卡锡召集了一个长达 2 个月的会议。这次会议前后一共有 10 个人参加，马文·明斯基、艾伦·纽厄尔、赫伯特·西蒙（1978 年诺贝尔经济学奖得主）及克劳德·香农（信息论的创始人）等都在列。麦卡锡等给这次会议确定的讨论主题包括 7 个领域：自动计算机；编程语言；神经网络；计算规模的理论；自我改进，实际上就是后来的机器学习；抽象；随机性和创见性。现如今大放异彩的机器学习、神经网络的研究其实 60 多年前就已经开始了。

然而，这个大牛云集、被无数后人景仰的会议并没有什么像样的成果留下来，据说让所有与会者印象最深刻的是纽厄尔和西蒙的一款能够证明《数学原理》中命题逻辑的程序"逻辑理论家"（logic theorist）。那么，这次会议还如此重要，被我们反复提及的最重要的原因是，麦卡锡给这次会议起了一个在当时多少有点不合时宜的名字——人工智能夏季研讨会（summer research project on artificial intelligence）。[①] 人工智能在那时候并不是一个能够获得大家共识的说法，但不管怎么样，人工智能的时代就此开启了。

此后几十年，关于什么是人工智能，一直都没有一个公认的确切的定义。以图灵为代表的英国科学家从一开始谈论的就是机器智能，而不是人工智能。人工智能也逐渐演化出了"符号主义"和"连接主义"两个不同的流派。而麦卡锡等都分别扎到很具体的工作中，有的以控制论为中心，有的琢磨下棋的事儿，也有的致力于推动计算机学科的发展。期间，人工智能几经起伏，但似乎从来都没有在学界建立起统一的认识。倒是库布里克的《2001 太空漫游》和斯皮尔伯格的《人工智能》这样的艺术作品，让人工智能具有了能够感知的形象，进入了普通人可以想象的范围。

李开复老师曾经整理了 5 种历史上有影响或者当下仍旧比较流行的人工智能的定义。第 1 种，人工智能就是让人觉得不可思议的计算机程序。简单来说，

---

① 尼克. 人工智能简史 [M]. 北京：中国工信出版集团、人民邮电出版社，2017.

只要机器能够完成人类本来认为机器不可能完成的任务。例如，下棋赢了人类的好手，那就可以认为机器是智能的。这个定义相对来说世俗化程度较高，虽然简单直接，但遵照这个标准，其实很难反映更实质的问题。第2种，人工智能就是与人类思考方式相似的计算机程序。这实际上是仿生学的思路，因此也会受限于人类对于自身思考方式的认知和理解程度，很难取得根本性的突破。但这个说法在人工智能发展早期曾经非常流行，也激发了专家系统这样具有实效性的尝试，包括启发了对神经网络的研究。第3种，人工智能就是和人类行为相似的计算机程序。这是典型的实用主义思维。笔者不关心实现的过程，只要机器能在类似的环境下表现出和人相似的行为，那么就认为它在这个领域拥有了人工智能。第4种，人工智能就是会学习的计算机程序。这是到目前为止最符合人类认知特点的对人工智能的定义。人类的智能几乎都是在后天的学习中逐步培养和建立的。那么，对于机器来说也是一样，最可能的方式也是让其在运行中不断学习，不断提高其智能水平。就像图灵说的，与其模仿一个成年人的头脑，为什么我们不模仿一个儿童的呢？隐含的前提其实就是这个儿童的头脑要具备学习能力。虽然，这个定义几乎将人工智能和机器学习画上了等号，但如果说将来人工智能真的有机会突破人类智能的局限和控制，成长为具备自主意识和超强能力的通用人工智能，甚至超人工智能，那机器学习是目前看起来最有可能的路径。最后一种，人工智能就是根据对环境的感知，做出合理的行动，并获得最大收益的计算机程序。这个出自伯克利的斯图尔特·罗素与谷歌研发总监彼特·诺维格合著的人工智能经典著作——《人工智能：一种现代的方法》，是到目前为止最抽象、最完整，科学意义上也最正确的定义。[①]

其实，很难说哪种定义更准确，甚至于是不是一定要有一个明确的定义本身都值得商榷。从人工智能半个多世纪以来的发展轨迹可以看出，停留在理论和技术层面的门派之争并没有太大意义，只有在现实生活中找到用武之地，人

---

① 李开复，王咏刚. 人工智能 [M]. 北京：文化发展出版社，2010.

工智能才能真正赢得生存和发展的空间。安防是人工智能规模化成熟应用的第一个领域。人工智能技术的进步，尤其是人脸识别能力的提升，的确在推动着安防行业的深度变革。但从另一个角度看，安防业务的需求也在引导着人工智能技术的发展，安防的海量人脸数据更为识别算法模型的训练提供了充足的弹药。因此，我们是不是也可以这样认为，人工智能其实是在安防这个领域找到了它自身的发展空间和土壤。

二、人工智能的发展简史

在至今为止 60 多年的发展过程中，人工智能经历了 3 次大起大落。每一次都有一个人机对弈的事件将剧情推向高潮。棋类游戏历来都被认为是人类智能水平的象征，在棋类游戏中战胜人类自然就成为人工智能证明其能力的最佳秀场。当然，使得每一代的人工智能都把和人类对弈作为目标的原因还有一个，那就是棋类游戏的规则清晰、界限明确，是最适合人工智能表现也最能展现人工智能水平的舞台。因此，3 种最为流行的棋类游戏——西洋跳棋、国际象棋和围棋分别在不同的时间段成为人工智能挑战人类智慧的工具，从而让我们有机会可以用历史上的三盘棋来简略回顾人工智能的发展史。

第一盘棋是在 1962 年，对阵双方是 IBM 的阿瑟·萨缪尔开发的西洋跳棋程序和当时西洋跳棋的顶级选手美国人罗伯特·尼雷。结果自然是那个运行在晶体管计算机上的程序赢得了比赛的胜利。这在当时引起了不小的轰动，也在一定程度上激发了科学家们对人工智能的研究热情。阿瑟·萨缪尔研究跳棋程序其实从 1952 年就开始了，并陆续打败了包括他自己在内的人类对手。但在1962 年这个西洋跳棋程序中，阿瑟·萨缪尔创造性地首次应用了"机器学习"的理念，也就是不需要显性编程，让机器具有学习的能力。后来，阿瑟·萨缪尔还因此被称为"机器学习之父"。而其在开发这款程序的过程中，已经创造性地实践了强化学习和对抗学习的思想。一直到几十年后，强化学习和对抗学习仍然是人工智能最重要的算法思想。另一位致力于研究和开发西洋跳棋程序的是美国艾尔伯特大学的计算机科学家乔纳森·谢弗。1994 年，谢弗设计的西洋跳棋程序第一次战胜了人类世界冠军，并最终进化为一个无法被击败的西洋跳棋人工智能终极程序——切努克（Chinook）。就这样，伴随着西洋跳棋程序的出现、成长，人工智能走过了自己的启蒙时代。聊天机器人、专家系统、智能机器人等人工智能应用的雏形都相继出现。但一直都有一个质疑的声音在说，会下跳棋不算什么，本来就不是什么特别难的事儿，也代表不了人类的智力水平。真有本事，下个国际象棋试试？

　　时间来到 1997 年，这次的主角是 IBM 公司的超级计算机深蓝，对手则是当时人类公认的国际象棋世界冠军加里·卡斯帕罗夫。第二盘棋的结果很明显，国际象棋的世界冠军也没有挡住人工智能前进的步伐。赛前，卡斯帕罗夫信心十足，发誓要为捍卫人类的尊严而战。就在一年前，他刚以 4：2 的比分战胜了深蓝。按照人类的常识理解，一年时间似乎并不足以让深蓝的能力有太大的提高。然而，改进版的深蓝此时能够在一秒钟之内完成 2 亿次计算，存储了过去 100 年来几乎所有国际特级大师的开局和残局下法，并且在软件设计上采用了知识库结合搜索的方法。深蓝可以说是人类的知识积累与超强的计算能力的有机组合。知识工程、专家系统也是人工智能第二次发展浪潮的典型应用，在一些特定的领域也取得了一定的成果。例如，在棋类博弈领域，深蓝和卡斯帕罗夫的世纪大战之后，人类就几乎没有在和机器的国际象棋比赛中占过便宜。但受制于人类知识本身的表达难度大、结构化程度低等问题，知识工程、专家系统其实并没有在人类的现实生活中找到很好的应用场景。这也使得人工智能的发展看上去有点儿雷声大雨点小。除了下国际象棋之外，深蓝几乎什么都干不了，甚至于很有可能在五子棋游戏中输给一个 10 岁的孩童。随着大家对人和机器下棋热情的慢慢冷却，对人工智能的关注也就越来越少了。所幸的是，机器学习在这个过程中获得了难得的发展空间，既没有被过分关注，更没有被寄予太大的期望，反倒可以扎扎实实地推动一些基础的研究。如果说深蓝代表的是计算智能对人类的胜利，那这个进程还远没有到头。因为还有一座大山横亘在面前，那就是最能够代表人类智慧水平的棋类游戏——围棋。

围棋是人类发明的最复杂的棋类博弈，可能的状态总数达到 10 的 200 次方，据说已经超过了宇宙中的原子总数。如果说还有一种棋类游戏能够维护人类智能的尊严，那就非围棋莫属了。于是，人工智能和人类石破天惊的第 3 次对决就在围棋的棋盘上展开了。2016 年 3 月，谷歌旗下的 DeepMind 公司开发的围棋人工智能 AlphaGo 以 4∶1 的比分战胜了人类围棋世界冠军李世石。此后，2016 年 12 月，披着 Master 马甲上线的 AlphaGo 连克人类围棋好手，取得 60 场不败的骄人战绩。2017 年 5 月，人类围棋排名第一的柯洁在与 AlphaGo 的对弈中以 0∶3 的比分完败。2017 年 10 月，DeepMind 公司宣布新一代的围棋程序 AlphaGo Zero 在没有任何人类输入的条件下，完全从空白状态学起，只经过 40 天的训练便击败了前辈 AlphaGo Master。在 AlphaGo 的迭代进化过程中，其后台算法逻辑已经发生了重大变化。第一代 AlphaGo 混合了蒙特卡洛树搜索、监督学习、增强学习 3 种算法于一身，基于 3000 万局人类棋谱进行算法训练，形成了战败李世石的基础能力。而 AlphaGo Zero 已经完全放弃了监督学习，把增强学习作为核心，不需要任何人类数据的输入，只依靠左右手互搏就能快速形成超强战斗力（图 1-1）。

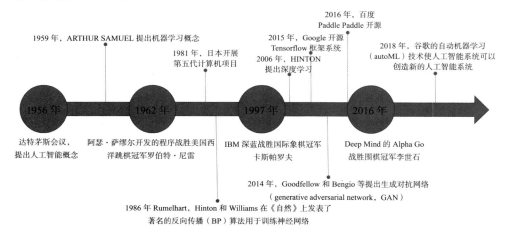

图 1-1　人工智能和人类的 3 次对弈

至此，人类和人工智能之间的三次棋类对弈就告一段落了。人工智能在一次次战胜人类棋手的过程中获得了关注，完成了进化。但人工智能 60 多年来的发展历史其实远比这几盘棋要更加跌宕起伏、波澜壮阔。人工智能的发展也并没有因为 AlphaGo Zero 的横空出世而停止前进，基于深度学习的人工智能技术其实刚刚迎来其又一波的发展高潮。尤其是以人脸识别为代表的感知智能技术，快速找到了产业应用的空间，推动着安防、金融等传统行业的智能化变革，同时更重要的是为人工智能技术本身找到了进一步发展、进化的土壤，使未来更实用、更强大的人工智能技术的出现变得可能。

三、人工智能的分类

就像一直以来我们都没有一个对于人工智能的明确定义一样，人工智能的分类也有很多不同的说法。比较流行的说法是，把人工智能分为强人工智能、弱人工智能、窄人工智能、通用人工智能及超级人工智能等几种。也有一种思路是把强人工智能和通用人工智能作为一种类型看待，弱人工智能和窄人工智能作为一种类型看待，这样的话，人工智能可以分为强人工智能、弱人工智能和超级人工智能 3 种类型。实际上，无论是上述哪种分类方法，都没有触及人工智能的关键特性。理解人工智能不能只是从技术本身来观察，而是要从人工智能和人类之间的关系，以及人工智能可以解决的问题（也可以理解为人工智能和客观世界之间的关系）两个角度分别考虑。

从与人类的关系角度，我们可以把未来人工智能的发展方向分为类人智能和独立智能两种。通俗来说，类人智能就是像人一样思考、像人一样行动。按照这个方向发展，无论人工智能的能力有多强，都还是在人类能够理解的范围之内，从人类的情感、伦理角度也更容易接受。独立智能则是人工智能本身具备自主意识，具有独立的思维方式和行为方式，其表现通常会超出人类的认知范围。

从其所拥有的能力角度，我们还可以把人工智能分为有限智能和无限智能两种。两者之间的核心差别在于，其所具备的能力是否局限在一定的领域内，是否具有极强的专用性。因此，这里的有限和无限不是指能力的大小、智能水平的高低，而是指其能力是否具备通用性，是否可以在多个不同的领域有所表现。如果人工智能仅能在特定领域发挥作用，如我们前面提到的下棋或者现在比较常见的聊天机器人等，其能力无法在别的领域发挥，那这样的人工智能就可以认为是有限智能。如果人工智能具备很强的通用性、可以结合不同领域的场景、表现出相适应的智能水平、解决多个不同领域的问题、发挥不同的作用，那么，这样的人工智能就可以认为是无限智能。

按照类人智能、独立智能和有限智能、无限智能两个维度，我们就可以从是否具备跨领域的能力、是否具有自主意识、思维和行为方式是否符合人类的认知3个方面将人工智能分为4种类型（图1-2）。第1种是弱人工智能，不具备自主意识，思维和行为方式基本符合人类的认知，能够在特定的领域解决一定的问题，但其能力一般不会超过人类在该领域的表现。例如，以苹果的

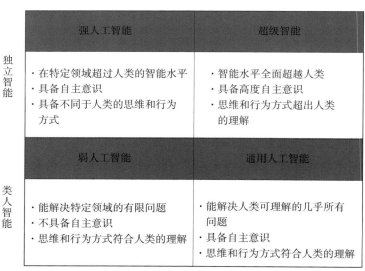

图 1-2　人工智能的分类

SIRI、微软的小娜等为代表的聊天机器人，尽管已经能够和人类较为流畅的对话，但其实 SIRI 或者小娜并不真的知道自己在做什么，更不清楚为什么要那么做。战胜李世石和柯洁等人类围棋冠军的 AlphaGo 也属于这种类型的人工智能。第 2 种是强人工智能，具备自主意识，并且思维和行为方式不同于人类，一定程度上超出了人类的认知能力。但其智慧能力仍然只能在特定的领域发挥作用，尽管其表现已经远超过人类的水平。例如，DeepMind 公司后来开发的围棋程序 AlphaGo Zero，就具备了部分强人工智能的特点，几乎完全颠覆了人类对于围棋这种博弈游戏的固有认知。第 3 种是通用人工智能，这是目前人类能够想象的最强的人工智能，虽然思维和行为方式仍然依循着人类的足迹，但其已经具备很强的自主意识，并且能够解决人类能够理解和想象的几乎所有问题。这样程度的人工智能可能还需要几十年甚至上百年的时间才能真正出现，但现在以深度学习、神经网络、增强学习、自动机器学习等为代表的人工智能算法的研究，理论上都是在往通用人工智能的方向发展。第 4 种是超级人工智能，无论哪个维度，这种人工智能都已经超出人类对自身、对世界的认知。因此，我们也很难想象一旦超级智能真的出现，会是怎么样一种形象，会给人类社会带来什么样的影响。人类是否真的能够开发出一种全面超越人类自身的超级智能也仍旧是一个巨大的问号。但从人工智能可能的发展趋势来分析，只有具备了自主意识，也就是说人工智能本身对于自己的思想和行动都有清楚的认知和判断，人工智能才有可能真正超越人类的能力。那么，一旦人工智能具备了自主意识，人类又怎么能够保证它不会朝着更强的方向迭代呢？

四、人工智能的主要技术

从技术角度来看，人工智能可以理解为是一个多种技术融合的系统。这个系统里面既包括核心的算法，以及基于核心算法而生的各种应用算法和应用技术，进而在这些具体技术的基础上构建起来的针对不同领域、不同行业的产业级系统应用。人类真正能够感知的其实是产业层面的智能应用，如智能家居，我们能够感受到智能，是因为我们可以出门不用带钥匙，只要刷一下指纹就可以打开家门。我们还可以和家里的音箱对话，让他播放我们最喜欢的歌曲，甚至让它来控制家里的空调、电视等电器。这是人工智能在产业层面的应用。但在享受这些便利的时候，我们其实不会去深究这些功能背后的技术原理。实际上，每一个产业应用都是建立在某一种或多种人工智能应用技术的基础上的。还是以智能音箱为例，它之所以能和你流畅对话，是因为这个音箱内嵌了聊天机器人软件，这个软件不仅能够听懂你说的话的意思，甚至还能通过声音识别你是谁。这是技术应用层面的表现，或者是体现功能的应用体。而聊天机器人能够这么厉害，则是因为背后有语音语义识别、自然语言处理等应用性算法的加持。应用算法是一种更靠近算法本身，但在一定程度上还能够为人所理解的技术表现形式。语音识别、人脸识别等，尽管我们大多数其实不明白其技术原理，但还是能够比较容易想象人脸识别到底是什么意思。在此之上，则是人工智能这顶皇冠上的明珠——算法。算法人工智能这顶皇冠上的明珠，是推动人工智能技术和应用发展的关键。机器学习则是人工智能算法的核心（图1-3）。

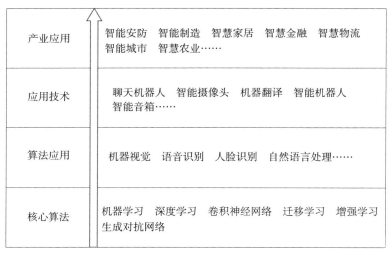

图1-3　人工智能的主要技术

当然，在算法之外，还有基础设施性质的技术。例如，决定算法效率和效果的计算能力，影响算法进化的数据采集、分析技术等。但我们在这里只重点介绍几个主流的，并且未来会有很大发展空间的核心算法。其他层面的技术，则结合在别的内容的分析中另行介绍。

在算法方面，机器学习一直是人工智能研究的重心，在这条路上进行过很多不同方向的尝试，如决策树、聚类、贝叶斯等。直到 2006 年，深度学习横空出世之后，大放异彩，江湖一统，深度学习几乎就成了人工智能的代名词。但深度学习其实只是机器学习的一个方向。深度学习、机器学习、人工智能之间的关系如图 1-4 所示。

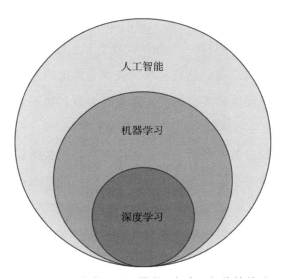

图 1-4　深度学习、机器学习与人工智能的关系

在这里，我们重点介绍一下机器学习、深度学习、卷积神经网络、对抗生成网络等几种较为流行的算法。

（一）机器学习

机器学习 (machine learning，ML) 是一门多领域交叉学科，涉及概率论、统计学、逼近论、凸分析、算法复杂度理论等多门学科。专门研究计算机怎样模拟或实现人类的学习行为，以获取新的知识或技能，重新组织已有的知识结构使之不断改善自身的性能。它是人工智能的核心，是使计算机具有智能的根本途径，其应用遍及人工智能的各个领域，它主要使用归纳、综合而不是演绎。[①]

通俗来说，机器学习的核心思路可以分为 3 步：①把现实问题抽象成数学问题；②机器用数学方法求解数学问题；③机器用数学方法解决现实问题。[②]例如，如何让机器准确区分牛是牛、马是马？首先，我们要让机器知道牛和马有什么不同，并且能用数学语言来表示。假设牛和马最大的区别就是牛有角，马没有角。那机器就会记住有两只角的是 1，1 等于牛。没有角的是 0，0 等于马。那么，当这台机器看到一个动物时，就要判断这个动物是 1 还是 0。如果只有这一个特征值，那么机器就会把所有两只角的动物都认为是 1，所有没有角的动物都认为是 0。如果碰上一个只有一只角的动物，那机器就该被搞糊涂了。这样，一个模型就建立了，两只角的动物是牛，没有角的动物是马，一只角的动物是不知道。之所以会出现这种不准确的问题是因为我们第一步抽象出来的问题太过于简化了，实际上牛和马的差别绝不仅仅在于有角没角。因此，我们会发现，整个过程中最难的部分其实是第一步，如何把一个现实问题抽象成合适的数学问题。只有第一步做对了，后面的两步才有价值。通常来说，有两种学习方法用来训练机器模型：一种是监督学习，另一种是无监督学习。

监督学习是指利用一组已知类别的样本调整分类器的参数，使其达到所要求性能的过程，也称为监督训练或有教师学习。监督学习是从标记的训练数据来推断一个功能的机器学习任务。[③]还是以识别牛和马来举例，我们准备很多牛和马的照片，并且给每张照片都打上标签，标明是牛还是马。机器通过学习这

---

① https://baike.baidu.com/item/%E6%9C%BA%E5%99%A8%E5%AD%A6%E4%B9%A0/217599。

② https://easyai.tech/ai-definition/machine-learning/。

③ https://baike.baidu.com/item/%E7%9B%91%E7%9D%A3%E5%AD%A6%E4%B9%A0/9820109。

些牛和马的照片，对照着标准答案（就是那些我们打的标签），确定牛和马不同的特征值（当然不仅仅是有角没角这么简单），然后机器就能准确地识别牛和马了。这种人类事先输入数据帮助机器学习的方式就是监督学习。监督学习的效率很高，同时成本也很高。

无监督学习，就是不输入任何标签数据，让机器从零开始自己学习。假设机器的任务还是识别牛和马，那这次我们只是给机器看很多牛和马的照片，但是这些照片上没有任何标签。机器通过学习会自动把看到的动物分成两组：一组是牛，一组是马。但对于机器来说，虽然分成了两组，却并不知道哪一组是牛，哪一组是马。无监督学习的优势是能快速确定数据的结构特征，但劣势在于无法将数据特征和现实世界直接对应。

无论是监督学习还是无监督学习，都需要事先给机器很多的数据来训练模型，那么如果没有那么多的数据可供"喂养"呢？这时就该强化学习出场了。强化学习就是可以在没有数据输入的条件下，只依靠自己的不断尝试就能练就某种技能的机器学习方法。还记得 DeepMind 公司开发的那个只用了 40 天就战胜了自己前辈的 AlphaGo Zero 吗？它就是典型的强化学习的产物。围棋之后，DeepMind 公司又接连开发了能够玩星际争霸的 AlphaStar，并且在 2019 年 1 月和人类职业选手的比赛中以 10∶1 的比分碾压对手。是不是很吓人？实际上，强化学习的逻辑非常简单，以游戏为例，如果某种游戏策略能够在游戏中取得较高的得分，那就进一步强化这种策略，从而使得这种策略变得越来越强。就像我们在教育小孩一样，孩子的优秀表现需要得到不断的鼓励，才能养成良好的习惯，获得更加强大的能力。

（二）深度学习

深度学习是机器学习研究中的一个新的领域，是一种基于对数据进行表征学习的方法，其目标在于建立、模拟人脑进行分析学习的神经网络，以模仿人脑的机制来解释数据，如图像、声音和文本等。深度学习也有监督学习与无监督学习之分，不同的学习框架下建立的学习模型也不同。例如，卷积神经网络（convolutional neural networks，CNN）就是一种有监督的深度学习模型，而深度置信网（deep belief nets，DBN）就是一种无监督的深度学习模型。[①]

关于深度学习，李开复和王咏刚在《人工智能》一书中还有一个更形象的介绍。如果我们把需要处理的信息看作"水流"，把深度学习网络看作一个由管道和阀门组成的巨大水管网络。网络的入口和出口都是管道的开口。这个水管网络有许多层，每一层又有许多个可以控制水流流向与流量的调节阀，组合起来构成了一个完全连通的水流系统。不同的任务需要的水管网络层数和调节阀数量都不同。任务越复杂，调节阀的数量越多。

有了整个水管系统，计算机就可以开始识字了。首先，我们在整个水管网络的每一个出口处都立一块牌子，对应我们希望计算机认识的每一个字。接下来，当计算机看到一个"田"字时，就会将代表"田"的所有数字全都变成信息的水流，从入口灌进水管网络（在计算机里，每一个字都是用"0"和"1"组成的数字来表示的）。计算机通过调节网络里的这些调节阀，让立着"田"字牌子的出口流出的水量最多。然后，我们再把代表"申"字的数字水流都灌进水管网络，继续调节阀门让立着"申"字牌子的出口水流最大。依此类推，直到我们知道的所有汉字对应的水流都可以按照期望的方式流过整个水管网络，我们就可以认为这个水管网络是一个训练好的深度学习模型了。这时，我们可以把调节好的所有阀门都"焊死"，当有新的水流进来时，计算机只要看一下哪个出口的水流最大，就能知道这是个什么字了（图1–5）。[②]

---

① https://baike.baidu.com/item/%E6%B7%B1%E5%BA%A6%E5%AD%A6%E4%B9%A0/3729729。

② 李开复，王咏刚.人工智能[M].北京：文化发展出版社，2010.

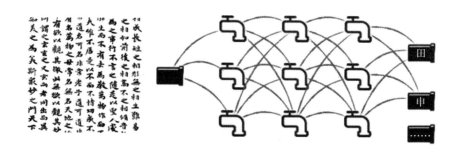

图 1-5 深度学习原理示意

来源：李开复、王咏刚的《人工智能》。

是不是仍然有些晦涩难懂？没有关系，我们只需要知道和一般的机器学习相比，深度学习的最大特点是能够自己学习完成特征提取。这就节省了大量的人工干预，使效率大为提升。如果对比工业的发展历史，深度学习的出现就像是工业从机械化向自动化的发展，只是这一次是将在软件领域，将人类解放出来。

深度学习是点燃人工智能第 3 次发展浪潮的关键，也很有可能是推动人工智能未来向更深更广的方向持续发展的最重要的动力。尤其是，深度学习领域有两个非常擅长处理和识别图片的算法，其应用方向和安防的需求高度匹配。一个是卷积神经网络（convolutional neural networks，CNN），另一个是生成对抗网络（generative adversarial networks，GAN）。

（三）卷积神经网络 (CNN)

卷积神经网络的原理有点抽象，我们就不多分析了。我们主要看看 CNN 在图片处理上的能力到底体现在什么地方。总结来说，CNN 的能力可以分成两个部分：第一部分是 CNN 能够有效降低图片的数据量，就是把一个大图片降维成一个小图片；第二部分是在降维的同时还能有效地保留图片的特征，保证图片能够被识别。说着简单，但实际上，CNN 可是解决了人工智能处理图片的大难题，也成为事实上引发人工智能在图形图像处理方面跨越式进步的主要诱因。例如，在安防领域占据核心地位的人脸识别技术，其实就是基于卷积神经网络（CNN）的能力。不仅如此，CNN 还能知道你骨头里面是什么样的。就是说，CNN 不仅能识别人脸，甚至可以识别骨骼，并追踪骨骼的动作。不仅能识别，还能在图像中定位目标，确定目标的位置、大小等。其他的功能，如图片分类、检索、前后背景区分等更不在话下。这些功能都高度符合安防行业的需求，并且有些已经在安防行业有较为广泛的应用了。

如果说卷积神经网络（CNN）的能力重点还只是在于识别，那么，生成对抗网络（GAN）的能力就更进一步，可以自己创造了。

（四）生成对抗网络 (GAN)

生成对抗网络通常会有两个重要部分：一个是生成器，用来生成数据；另一个是判别器，用来判别数据。假设算法收到一个任务，画一朵花。这时，生成器开始工作，先画了一个点。判别器看了一眼，说："这个太离谱了，花哪是这个样子。"生成器就继续想招儿，又画了一条线。这回，判别器看了之后说："这个有点像花了。"生成器继续进化，又画了一个圈。这下子，判别器彻底投降了，说这个就是花呀。请注意，判别器现在的能力也很弱。就这样，生成器的水平就停留在画圈圈上，还以为是在画花。这个时候该判别器成长了，看了一段时间圈圈之后，判别器觉得不对了，这个哪里是花呀。于是，下一次生成器再把圈圈当花时，就会被判别器当头一棒给打回去了。就这样，生成器和判别器你来我往，不停地过招，并且在对抗中，双方都快速地成长、进化，最终生成器进化到一个相当高的水平，判别器无法分辨真假，人类也无法分辨真假。所谓道高一尺魔高一丈，是不是像极了生物界的进化，优胜劣汰，适者生存（图 1-6）。

一个训练好的生成对抗网络在图形图像方面的能力是非常惊人的。最基本的，GAN 可以自动生成很多的图形数据，用作其他人工智能算法的训练素材，这样能节省很多的人工标注工作量，大大降低算法的训练成本。

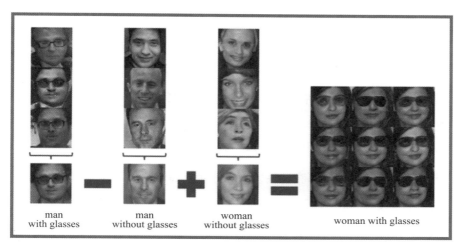

图 1-6 生成对抗网络原理示意
来源：网络。

GAN 可以对已有的照片进行编辑，如更换头发的颜色、皮肤的颜色、更改表情甚至性别。而且，GAN 可以凭空生成高质量的照片，创造现实生活中并不真实存在的人。曾经有人把 1994 年版《射雕英雄传》中扮演黄蓉的演员朱茵，换上了年轻演员杨幂的脸，视频里面的形象仍旧非常流畅自然，一般人根本看不出来这是人工智能换脸后的效果，还以为真的就是杨幂在演。这还不是最厉害的，GAN 还可以完成从文字到图像的转化，给一段文字，然后 GAN 就可以根据文字描述的内容生成一个符合其意境的图片。GAN 的能力还不止这些，给 GAN 一张人脸照片，它就可以预测这个人在不同年龄阶段会长成什么样。总之，GAN 的图形图像处理能力之强可以说已经超乎想象，在安防领域的应用潜力和空间都非常大。

五、人工智能的主要应用

虽然，人工智能的技术研究已经有 60 多年的历史了。但人工智能技术真正产生实际的商业应用价值却是在 2000 年以后才逐步开始的。互联网的大发展从根本上改变了信息交互的模式，同时也生成了大量的数据。正是互联网催生的各种服务和大数据的累积，给人工智能的应用创造了必要的基础条件。

从应用角度，我们可以把人工智能的应用分为以下 4 个阶段。

第 1 个阶段是信息智能阶段，以搜索引擎为最具典型性的代表应用，早期的搜索本身算不算智能或许还是存在一定的争议，但在搜索结果排序方面，谷歌其实很早就在应用机器学习技术来做改进。搜索本身的进化，从只需要一个关键字就可以检索出所有相关的页面，到后来可以输入问题得到答案，自然语言处理、语音语义识别等都在背后发挥着作用。后来百度等搜索引擎推出的"以图搜图"功能更是离不开机器图像识别技术的成熟。每一次搜索框的反馈背后都有算法的持续优化。随着 Web2.0 的普及、电商的发展，个性化推荐技术也获得了很大的应用空间。总之，第 1 阶段人工智能的应用主要集中在对信息和数据的分析、处理和反馈方面的效率提升。由此也带动了很多新行业的出现，人类对数据的采集、利用都进入了一个全新的阶段，这些都和人工智能技术的应用有很大的关系。

第 2 阶段，从苹果的 SIRI 面世开始，人工智能不再是躲在屏幕后面的神秘技术，而是成为一种能够为人所感知的存在，可以为人类提供一些实实在在的服务了。最起码，当一个人无聊的时候，可以拿起手机和 SIRI 逗逗乐，而不必去惊扰你的朋友或者社交网站上不知道是否真实存在的好友。当然，人工智能的服务绝对不止于此，聊天机器人除了能够通过对话调用你的手机应用，还逐渐替代了很多客服的工作。当你向电商网站的小二提出问题时，回答你的很可能就是一个智能聊天机器人。人工智能也逐步开始走进家庭，智能音箱、智能电灯、智能插座、智能空调等结合了一定人工智能技术的家电产品日趋流行。而基于移动互联网提供的共享经济服务很多也深度应用了人工智能技术，如共享出行平台，在其车辆调度、路线规划等方面都有人工智能技术的支持。目前，服务智能还在不断的发展和深化，也必将会有越来越多的生产、生活场景，在人工智能技术的催化之下，既有的服务得到优化，并创生出大量新的服务，如零售行业的无人超市等。

第3阶段，人工智能技术开始在产业中找到应用的机会。最具代表性的应该是工业领域，在互联网、人工智能技术的推动下，智能制造成为一个可实现的目标。各主要工业国政府争相推出各种促进智能制造发展的政策。预测性维护、机器视觉质检、智能排产等人工智能技术的应用场景日趋成熟。同样的逻辑，智慧城市、智慧金融、智能安防、智慧农业等人工智能技术与传统产业融合，提升传统产业效率、降低传统产业成本的实践探索越来越多、越来越深入。作为人工智能技术应用的集大成者，自动驾驶也成为一个发展的热点产业，开始正式起航。

第4阶段，随着人工智能技术的普及应用，尤其是智能物联网的快速发展，我们有可能很快就会进入一个万物有灵的世界。人工智能赋予万事万物以灵魂，一个与人类物理世界平行的虚拟数字世界逐步形成。人类将生存在一个可虚可实、亦虚亦实的融合世界。而主宰这个融合世界的是由人类智能和机器智能有机结合而成的混合智能。其核心基础则集中在智能物联网的建设和应用上，一方面为人工智能的进化提供丰富的数据；另一方面，为人工智能技术的应用提供场景。其中，以智能安防、智慧城市、智能交通等为代表的垂直领域的智能化发展是智能物联网的关键组成部分（图1-7）。

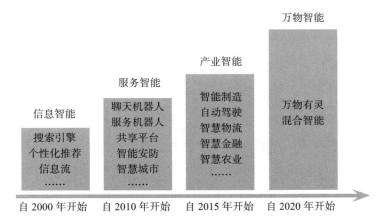

图1-7 人工智能的主要应用

第二章

安防简介

安防是什么？ 1000 个人眼中就有 1000 个不同的哈姆雷特。虽然安防并不会真的千人千面，但对不同的人群而言，安防代表的可能是完全不同的意义。对于一般社会公众而言，安防可能是遍布各个角落的摄像头，可能是机场、车站的安检装置；对于安防产品厂商而言，安防是一个个具体的产品和系统，是一个个客户和供应商；对于公安人员而言，安防是一次次现场勘察，是一个个抓捕任务，是 110 报警电话服务等。我们能够感知到的都是具体的应用场景，而每一个场景背后其实都是从需求产生到需求满足的完整过程。因此，我们在讨论安防的智能化之前，首先需要明确安防的含义、边界等。唯有如此，我们才能知道智能安防对于不同的人和不同的场景究竟意味着什么。

按照字面意思理解，安防就是安全防范或者安全防控，通过某种防备、保护工作，使目标对象处于免受侵害、不出危险的安全状态。实际上，这个解释里面还有两个需要澄清的问题。第一个是关于安全本身，由于危险源和危险属性的不同，安全所代表的意义也有所不同。第二个是关于防范，从理论上来说，防范的重点应该在于预防、预警，但现实层面，传统安防工作能够做到的更多都是事后的取证和应急处置。

人类的安全需求其实由来已久，甚至于在人类发明语言之前就已经出现了。人类开始发明并使用工具，一方面是作为生产工具，提高其劳动效率，从而在狩猎和采集的过程中能猎取更大的动物，采集更多的植物果实，能有更多的收获；另一方面，工具的使用也充当了对抗其他生物的武器的角色，用于保障人类自身的安全。尤其是火的使用，改变的不仅是人类的饮食结构，更是人类与自然之间的关系，包括人类开始穴居生活，其实都是作为"生物人"的本能对于自身安全需求的反应。

从人类开始逐步从狩猎采集社会向农业社会发展，生活方式的变化也带来了人类对于安全需求的调整。作为"社会人"，人类开始有了群体安全的意识，并随着社会形态的发展和结构变化的逐步升级、优化。例如，当社会形态从原始部落进化到封建城邦的同时，有组织的军队、城墙等专用的安全设施开始出现，并且伴随着人类社会的发展，不断得到加强和优化。典型的案例，如万里长城的修建就是为了防止外敌入侵、对内提前预警的古代安防工程。这时候，人类对于安全的理解已经不再是单纯地来源于大自然或者其他生物的威胁，更多的是基于人类不同种群之间互相对于土地、食物、空间等资源的争夺所带来的同类威胁。本质上，现代社会的安防需求结构并没有太大的变化，这种人与人之间的相互威胁仍旧是安防工作的重点。

故此，从危险来源的角度，我们可以把安全问题归结为天灾和人祸两种。天灾和人祸的核心区别在于是否由人的主观故意导致。天灾多数时候是来源于不可抗力，如地震、台风、泥石流等自然灾害，其发生是非人类主观故意的，也没有特定的目标对象，包括交通事故等意外事件。而人祸则是一个人或一群人对另一个人或另一群人，为了直接或者间接的目的，实施不同形式的侵害行为，而造成的威胁和伤害，如偷盗、抢劫、强奸、蓄意杀人等犯罪行为，恐怖主义、战争等大规模群体性伤害活动，以及由于人为因素导致的火灾、食品安全、信息安全等危险状态。实际上，在西方的语境中，安全本来就有 safety 和 security 两重不同的含义。safety 针对的主要是非人类主观故意引起的，或者人类行为引起的对他人造成的间接影响，影响的人群为非特定对象的行为，可以对应的称为天灾。security 针对的则主要是人类主观故意引起来，对特定对象带来直接伤害的行为，可以对应的称为人祸（表 2-1）。

表 2-1　安全问题来源分类

	危险来源	目标对象
天灾（safety）	非人类主观故意	非特定对象
人祸（security）	人类主观故意	特定对象

广义上来说，天灾和人祸都属于安防的范围。但在常规意义上，我们提到安防时主要指的是人祸，也就是对于由人的主观故意造成的安全问题的防范。更狭义的理解，传统意义上的安防主要指的是包括犯罪行为、恐怖主义等群体性事件等安全问题的防范。然而，在人工智能时代，安防的技术和模式都会发生根本性的变化，那么我们就很难继续停留在狭义的角度来看，而是要站在广义的角度综合分析安防需求，制定安防方案。

从需求的角度分析，整体上我们可以把人对安全的需求分成从以人身安全、财产安全、信息安全等为代表的个体安全需求向以居家安全、社区安全、集会安全、生产安全、公共安全、环境安全为代表的群体安全等（图 2-1）。现代安防对于个体和群体两个维度的安全需求都有不同程度的满足。但从发展眼光来看，安全的需求还呈现出以下两个方向的趋势。

一个方向是从被动安全向主动安全发展，就像我们常说的进攻才是最好的防守一样，只有通过主动的数据监测、监控系统的应用，培养预测风险和预警危险的能力，才有可能达到防患于未然的效果，真正实现安全防范的目的。例如，通过定期体检监测身体状况，提前获知并主动预防一些潜在疾病的出现，保障个人身体健康；通过安装车道监测、行人监控等传感系统，汽车的安全防范就从过去依靠车身材料和架构的牢固程度及安全气囊等被动安全措施发展到一定

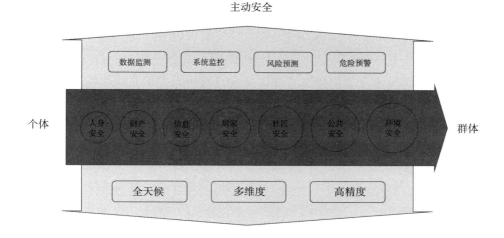

主动安全

| 数据监测 | 系统监控 | 风险预测 | 危险预警 |

个体　　人身安全　财产安全　信息安全　居家安全　社区安全　公共安全　环境安全　　群体

| 全天候 | 多维度 | 高精度 |

确定安全

图 2-1　安全问题需求分类

程度的主动安全防范。群体情境下的安全防范也逐步向主动安全发展，如在特定的群体集会场景下应用人脸识别技术，与嫌疑人数据库进行比对，从而避免有潜在危险影响的人员进入会场，保障活动的安全进行。实践证明，这种主动安全技术的应用不仅有效保障了活动的安全，还顺带抓获了多个潜逃多年的犯罪嫌疑人。

　　与安防向主动安全的方向发展同步进行的，另一个方向的转变是安防工作的确定性在不断提高。这个转变的发生得益于大量新技术在安防领域的应用。以视频监控为例，存储技术，尤其是云计算技术的发展，使得传统计算、数据存储等能力的限制被打破，监控可以 24 小时全天候不间断实施；视频拍摄、编解码、显示等图像技术从标清、高清、4K 的持续进化，极大地提高了单个摄像头采集的数据量，也事实上扩大了单个摄像头的监控范围。而在监控摄像头的基础上，无人机监控、车辆信息识别和监控、互联网数据监控、通信信息监控等多维度监控工具的应用，使安全信息的丰富程度大为提高。综合而言，新技术的应用使安防开始具备全天候、多维度、高精度等几个特征，共同推动安防向精细化、高确定性的方向发展。可以预期，未来在人工智能技术的加持下，安防可以像天气预报一样，对不同场景下发生安全问题的概率进行预测，大大提高安全问题判断的确定性，增强安防工作的操作性和效率。

如果从安防对象主体的角度考虑，社会形态和人类生存状态的变化，促使安防从传统世界的物理安全向虚拟世界的数字安全方向扩展。可以基本确定的趋势是不久的将来人类就将要面对一个全新的社会形态和生存方式，这个未来形态将由现实的物理世界和虚拟的数字世界融合而成。根据 CNNIC2015 年的一个调查，很大一部分人群每天有超过 5 小时的时间是在电子游戏中度过的。其中，被调查的游戏用户中，超过 6.9% 的 PC 网游用户、13.8% 的 PC 端游用户、3.3% 的手游用户的日均在线时长超过 5 小时，占据了这些用户几乎全部的闲暇时间。工作场合中，越来越多的场景都已经被电子化，大量的工作都是通过各种办公软件和网络完成的。我们的时间越来越多地被电子邮件、远程会议、微信、钉钉和其他各种信息系统占用。而近几年，随着 VR、AR、MR 等虚拟现实技术和设备的快速发展，现实世界和虚拟世界之间的界限越来越模糊，并逐渐被消弭。随着数字化技术的不断进步及在生活的各个领域快速渗透，一个纯虚拟的世界正在形成，数字化生存正在走进人类的现实生活。那么，如果说物理安全还是今天我们考虑的重点的话，那么，未来安防的重点必将是数字安全。

需要引起我们高度重视的是，物理安全和数字安全在本质属性上有巨大差别（图 2-2）。物理安全的核心在于功能的保全，危险也来自于对功能的破坏和所有权的转移。传统的安全威胁说到底都是关于人的人身、财产的功能破坏，

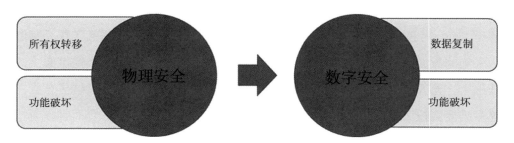

图 2-2　物理安全与数字安全的差异

伤及人身甚至生命，本质上是使当事人丧失了某一部分或者全部的功能。例如，传统的公共安全关注的实际上是如何避免让某一个或者某一部分人伤害到另外一个或者另外一部分人的生命、财产安全，这里伤害的核心在于功能的破坏。

数字安全则完全不同，功能破坏只是其中一种有可能并不常见的极端方式。例如，通过网络战的方式，一方摧毁了另一方的网络系统，使其计算机或其他数字设备的功能丧失，系统瘫痪，不再具备其原有的能力，从而达到打击对方的目的。毫无疑问，这是国与国之间、政府公共安全部门与蓄意破坏的恐怖组织之间主要的攻防领域。但数字安全还有另外一种形式，会和每一个人的日常安全关系更加紧密，威胁的频次和力度也都有可能更大。这种威胁不一定会造成原有数字世界的功能破坏，而只是通过复制数字信息，并利用这些复制的数字信息达到非法占有数字资产、进入未经授权的数字空间等方式造成对目标对象的伤害或者造成目标对象的损失。举一个例子，假设你的支付宝账户被不法分子盗取了，他并不会注销你的账户或者修改你的密码，而只是把你支付宝账户中的资产转移到他的账户中，或者用你的支付宝账户资产支付了他购买某种商品的费用。你的支付宝账户依然在，你也仍旧可以正常登录你的账户，不法分子并没有破坏你支付宝账户的功能也没有夺走你对账户的所有权，但他确确实实已经达到了他的目的，并对你造成了伤害。那么，如何保护支付宝之类的数字资产的安全，应该成为我们思考未来安防工作的重点，因为在将来的世界中，几乎不会再有只是物理形态的存在物，所有的存在都会被不同程度的数字化，数字安全问题将是无法回避的。

以上提到的这些趋势性的变化，不仅给安防工作提出了更高的要求，也大大扩展了安防的外延。

防范的意思可以从两个角度来理解。一个角度是防止坏人做坏事，从这个意义上，防范的重点在于预防、预测。预防是要想办法把坏人改变成好人，不再有做坏事的动机。例如，通过正面、积极地文化宣传，使得人人向善；或者通过优化社会发展环境，让"耕者有其田，居者有其屋"等。预防的另一面是让坏人不敢做坏事，如"执法必严，违法必究"，使有其心者无其胆；如建设覆盖全面的安防监控网络，使有其胆者无其门。但这些工作其实都是功夫在戏外，远超出了安防本身的讨论范畴。预测也是防范危险和问题发生的另一个重点。预测是通过预先获知或者预判危险即将发生，从而提前改变能够影响危险发生的相关条件，使坏人不再具备做坏事的必要条件。例如，如果美国政府能够提前预测基地组织会采取劫持民航客机撞击大楼的方式实施恐怖袭击，那么就能在防空、恐怖分子甄别、安检等多个维度有所准备，或许就能在一定程度上改变相关的环境条件，使恐怖分子无法完成飞机的劫持，从而避免9·11事件的发生。

防范的另一个角度是防止好人受伤害，从这个意义上，防范的重点在于预警。预警的价值不在于防止危险和问题发生，通常情况下也无法做到，而在于让有可能受到伤害的人提前获知危险即将来临，从而能有所准备。例如，我们都比较熟悉的防空警报，就是在空袭等大规模危险事件发生前，通过一种特殊但高效的方式让人们提前采取应对措施。进入现代社会，随着技术手段的升级，预警的方式也在不断进化，如通过电视、短信、APP等多种途径发布台风、高温、降水等分级预警。随着安防工作智能化程度的提高，预警的覆盖范围、准确性、有效性都必将会大幅提高，从根本上改变安全防范的模式。当然，预警实际上也包括对于坏人的警告，在其真正实施伤害公共或他人安全的行为之前，警示其可能会面对的结果和惩罚，促使其停止伤害行为，从而达到防范风险、保障安全的效果。

可以说，预测、预警本身就是安防工作的核心，但在过去，传统的手段和工具无法支持我们达到预期的效果。而人工智能技术的发展，以及在安防行业的应用，将会彻底改变这一局面，推动安防工作真正从事后应急向事前预防的方向快速发展。

一、安防发展的 4 个阶段

随着人类社会的整体形态从农业社会、工业社会向信息社会、智能社会的持续进化，人类对于安全的需求也在不断升级，安防也经历了一个从被动到主动、从模式驱动到技术驱动，再到未来由数据驱动的深刻变革。参照对工业发展进程的划分方式，安防的发展历程也可以分为 4 个主要的阶段，分别用安防 1.0、安防 2.0、安防 3.0 和安防 4.0 来表示（图 2-3）。

图 2-3 安防发展的 4 个阶段

安防 1.0 阶段——边界安防。人类开始出现群体安全的意识，从基于血缘关系的家庭单位，逐渐产生了部落、城邦、国家等超越血缘联系的人群组织形态。新的组织形态、新的人群结构，带来了新的安全需求，从个人与个人的对抗和竞争，转变为一个群体和其他群体之间的对抗。安防的目的也演变为防止另外群体对本群体的攻击或其他方式的伤害。于是，这些聚集起来的人开始建设各种旨在保障安全的设施。例如，住到专门建设的房子里，以减少其他人或者其他生物可能实施的伤害。又如，修建城墙，以防止其他族群的侵犯。其中最典型的要数中国的"万里长城"。无论是盖房子还是修城墙，总结起来都是人通过划分边界的方式达到与其他人或其他生物的隔离，从而达到隔离危险的目的。因此，1.0 阶段的安防可以概括为边界安防。

安防 2.0 阶段——公共安防。如果说 1.0 阶段的安防解决的是敌我矛盾的问题，那么，2.0 阶段的安防解决的就是人民群众的内部矛盾问题。随着人类的生产和生活方式的变化，聚集程度越来越高，边界的范围也越来越大，边界安防逐渐向国防转化，在保护组织内人群的安全之外，演化出来包括控制资源、限制流动等更多保护自己、打击对手的目标和职能，远超出安防的范畴。同时，伴随着聚居在一个地区的人越来越多，内部的各种危害群体利益的行为也越来越多。如何维护大多数人的安全就成为一个需要考虑的问题。直到 1798 年，英国人帕特里克·科洪（Patrick Colquhoun）先生组织了一支几十人的队伍，专门维护泰晤士河上船舶的安全，史称"泰晤士河警队"。而泰晤士河警队的出现，也的确让泰晤士河上针对货船的犯罪行为直线下降。但泰晤士河警队更大的意义在于让英国有了第一支面向非特定对象提供安全服务的公共警察。以前，伦敦地区的有钱商铺、住户也会雇佣守夜人，在自家的地盘上巡逻；而泰晤士河警队保护的不是具体的哪一条船的安全，其防区覆盖整个泰晤士河在伦敦地区的水域，提供的是面向所有船只的公共安全服务。此后，安全服务开始成为一种职业，职业警察、安保人员等职业开始出现。安全服务的职业化极大地优化了公共安全环境，但这个阶段的安防工作还是停留在人与人对抗的层面，或者换个说法，警察和小偷比拼的只是谁的眼尖，谁跑得快，警察并没有任何优势手段可以对小偷形成威慑。直到相关探测技术和产品的出现，尤其是光学摄像头的面世，警察手中终于拥有了可以提前获取危险信息，并对小偷形成警示的武器。

安防 3.0 阶段——技术安防。以探测技术和监控摄像头等安防技术和产品的应用，使安防进入了一个全新的发展阶段。被新技术武装起来的警察开始具备了超越对手的能力，不仅能够有机会在危险事件真正发生之前就获知危险问题的存在，同时还能够通过监控的方式留存关键的线索和相关证据，为事后的案件侦破、嫌疑人确认等提供支持。与此同时，技术和产品在安防工作中的应用，使得安防不再是一个单纯的服务职能，围绕公共安防工作逐渐衍生出很多服务需求，正是对这些需求的满足催生了后来安防行业的出现。或者说，直到技术安防时代，安防才真正成为一个行业，为公共安全服务的各种产品、技术、服务等供应商共同组成了这个新的行业。现代安防的产业生态由此生成壮大，产业规模、从业人员等都有了快速增长。安防工作在整个社会治理中的重要性也不断提升，并与其他城市服务和管理的职能相互交织、协同。

进入 21 世纪之后，互联网技术和应用的发展给安防工作带来了新的可能。尤其是监控摄像系统，数码摄像技术和产品让安防监控具备了大规模接入互联网的基础。而互联网的应用从根本上改变了安防监控的业务模式。不同地区、不同部门之间可以更加方便地共享数据、信息，从而大大提高了事前预测、预警和事后进行案情分析、发现目标、联合布控等方面的能力。同时，计算能力、数据分析技术、通信能力等多维度技术的快速发展，让一些政府主导的大型安防工程也具备了实施的基础。可以说，互联网在安防领域的应用则极大地提升了安防在整个社会治理中的重要性，安全服务从"被动"走向"主动"。

总体来说，安防 3.0 阶段，主要以各种技术的驱动为核心，安防作为一个特殊的产业逐渐形成，各种不同的资源开始向安防领域靠拢。技术的应用促使安防工作的效率大大提升，对社会的正向作用日益凸显，使得安防也得到了越来越多人的重视，大型安防工程有机会实施。同时，安防的数字化、网络化，其实也为人工智能技术在安防领域的应用构建了必要的基础，为安防工作向智能化方向发展提供了可能。

安防 4.0 阶段——智能安防。与安防技术和产品的数字化、网络化发展同步，人工智能技术，尤其是在深度学习算法推动下的人脸识别技术快速发展，并在安防领域找到了高度适配的应用场景。监控不再只是一个傻瓜式的记录仪器，而是具备了一定的"思考"和分析能力，也让我们看到了未来安防行业智能化发展的更多可能性。在人工智能应用为特点的智能安防时代，安防工作的基础逻辑有了根本性的变化，安全问题真正变得能"防"、能控。在以 5G 为代表的通信技术、4K 为代表的高清视频技术、深度学习持续推动的人工智能感知和认知技术、物联网、机器人、云计算、边缘计算等多维度技术的快速发展和融合应用下，一个智能化的安防应用图卷正在徐徐展开，很多以前只能想象，甚至不敢想象的场景都会一一实现。

二、安防技术的 3 个时代

从科技产品和技术应用到安防领域开始，安防才真正成为一个独立的行业，具备了集合各种资源，形成产业分工的基础。同时，也为很多新的科学技术找到了适合的应用场景。技术也成为推动安防行业发展和模式变革的最重要的力量。从本质上来说，安防技术是建立在很多基础科学技术发展基础上的应用，或者说，安防技术发展的实质是新技术在安防领域应用的进化。

以安防领域最典型的视频监控为例，随着各种新技术的成熟和应用，推动着安防也从一开始的本地时代，逐步向网络时代、智能时代发展。传统上，我们可以把安防分成"采、传、存、显、控"5 个阶段，是一个集成了光学成像、通信、数据存储、图像显示、系统控制等多个学科、多个维度技术的综合应用。每个学科都在发展，甚至有些会有突破性的变化，但只有多种技术的同时升级才有可能从根本上促成安防模式的革新。安防技术经历的本地时代、网络时代、智能时代 3 个阶段就是由某种技术的革命性突破点燃，其他多种相关技术的创新应用协同，共同推动了安防行业整体的模式升级。3 个阶段的划分主要是依据对于安防监控数据的使用水平和模式的差别。互联网技术推动的数据共享引发了安防从本地时代向网络时代的转变，而人工智能技术的应用则使得数据不仅对于过去有意义，对于未来也有价值，安防从只能事后应急的传统模式转向能够事前预测、预警的智能模式（图 2-4）。

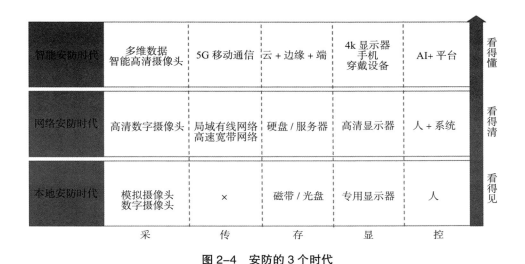

	采	传	存	显	控	
智能安防时代	多维数据 智能高清摄像头	5G 移动通信	云 + 边缘 + 端	4k 显示器 手机 穿戴设备	AI+ 平台	看得懂
网络安防时代	高清数字摄像头	局域有线网络 高速宽带网络	硬盘 / 服务器	高清显示器	人 + 系统	看得清
本地安防时代	模拟摄像头 数字摄像头	×	磁带 / 光盘	专用显示器	人	看得见

图 2-4　安防的 3 个时代

第 1 阶段为本地安防时代，数据的采集、存储、使用都局限在本地，无法方便地实现共享，因此，也很难实现不同地区的协同，安防的效率和效果都较低，便利性也比较差，是安防行业的起步阶段。前端数据采集工具主要是标清的摄像头，数据的存储方式主要有磁带、硬盘、光盘、闪存盘等几种，前端的显示则经历了传统的显像管显示器向液晶显示器的换代。

如果只从技术层面看，伴随着摄像技术和产品数码化、存储和显示技术数字化的进程，本地安防时代事实上也经历了一个从模拟向数字升级的过程。这个升级带来了几个明显的变化。首先，数字存储的容量大幅提升，监控不再需要频繁"换盘"，大大提高了视频监控的实用性，拓展出来更多的应用场景和市场空间。其次，监控数据的数字化使得监控的信息可以在不同的终端设备上显示，其复制、留存、传播的便利性也大为提高。另外，数字监控产品的应用提高了监控摄像头部署的灵活性，从而扩大了监控的覆盖范围和对关键位置、关键角度的覆盖。

但单纯从模拟向数字的转化，并没有能突破存储容量有上限的问题，虽然硬盘、光盘等存储介质已经较磁带有了很大的提高，但也没有改变监控数据只能在本地存储和使用的局面，从安防的模式角度来看，模拟向数字的转化并没有带来本质上的模式变化，可以综合定义为安防的本地时代。如果单从视频监控的应用效果来看，第 1 阶段，采集技术和产品的能力仍旧停留在标清水平，单位时长监控视频的数据量较为有限，本地时代的安防应用效果可以总结为"看得见"。

第 2 阶段为网络安防时代，互联网技术的普及使监控数据可以在有限范围内实现远程共享，云计算技术使安防数据的存储突破了本地时代单个存储单元的容量限制，数据存储能力无限增大，从而能够支撑高清监控设备的应用，采集和存储的数据量被数量级放大。建立在大数据基础上，安防监控能够实现的功能及对应的应用场景越来越多。

网络安防时代一个最重要的现象便是高清视频监控系统的大规模应用。首先，高清摄像头的普及，记录的图像分辨率达到高清水平 720 P，甚至全高清的 1080 P 水平。其次，液晶显示器的分辨率水平同期也普遍提升到了 1024 P×768 P，部分达到了 1920 P×1080 P。再次，宽带网络的普及，给大分辨率的摄像、显示设备之间对于大数据量的传输提供的通道，也促进了高清监控设备的推广和应用。最后，云计算在网络安防时代发挥了巨大的作用，彻底解决了数据存储、计算能力等方面的瓶颈限制。总之，进入网络安防时代，安防监控的效果也从"看得见"提升到了"看得清"的阶段。

"看得清"不仅仅是指单个设备或者单个系统分辨率的提高，能够看到更多的细节，还在于网络技术使不同设备和系统之间的数据共享能力显著提高，让我们不仅能看清每一个"点"上的信息，还能将数据拼接起来，连成一条"线"，甚至一张"网"，看清一个人在一个区域、一个时期内的活动轨迹，从而能够为联网布控等进一步的安防行动提供数据和技术支撑，使防范的力度大大增强，安防的效果明显提升。

监控设备数量的快速增加，单个设备监控数据的增长，以及数据共享能力的提升，共同推动安防进入一个数据量暴增的阶段。但如何有效地利用好这些数据就成了我们需要面对的新问题。如果数据的检索仍旧依靠人工，基于监控数据的决策判断仍然依靠人力，那么这些规模庞大的数据依旧未被有效激活，所能发挥的作用会非常有限。安防行业亟须新的技术为其注入活力，将海量数据的潜力挖掘出来。与此同时，深度学习推动的第三波人工智能技术发展浪潮席卷而来，也亟须在现实世界中找到其发挥能力的场景，从而为其持续的发展、进化提供动力。就这样，一个由技术推动进入新的发展阶段并催生出新的技术需求的安防行业和一个成熟度快速提高正在焦急地寻找落地应用场景的人工智能技术，在历史的十字路口不期而遇，并一拍即合，快速擦出火花，携手推动安防行业向智能时代大踏步前进。

第 3 阶段为智能安防时代，人工智能技术在"采、传、存、显、控"等各个环节全面应用，"云、边、端"的所有监控设备和系统都具备程度不同的智能，人与机器能够无障碍交流，跨系统、跨平台的数据能被人工智能快速调用，"无尾"监控设备、机器人、无人机等智能设备大量使用，安防监控全面具备移动化能力，能够根据需求实现动态布控，跨职能的安防综合管理平台得到应用，预测、预警成为安防工作的重点，系统的自主决策和自动反馈能力大幅提升，人工智能逐渐接手大部分的日常安防工作场景。

智能安防时代起始于人脸识别技术在视频监控行业的应用。安防工作的重点在于识别对公共安全具有威胁的"坏人"。一种情境是，从茫茫人海中把某个"坏人"找出来。这种情境下，人工智能也是要拿"坏人"的照片和海量的监控数据做比对，从中发现"坏人"的行踪。或者是用安全事件嫌疑人的照片和"坏人"数据库做比对，从而确定该嫌疑人的其他信息或者是否有案底。在应用人脸识别技术之前，识别的工作主要由人来完成，那么这种情境下的识别工作就是一项不可能完成的任务，只能像古代在城门口张贴"坏人"的画像，然后等着有老百姓能够提供线索或者将直接将坏人扭送官府一样，期待奇迹发生。另一种情境是，通过识别来确定坏人是坏人，通过人脸和已有图像或者证件的比对，来确定人的身份，提前发现威胁。例如，在体育场、音乐厅、博物馆等集会活动的场所，将每一个进入场地空间的人与危险人物，通常是在逃的犯罪嫌疑人等的数据进行比对，在卡口处将试图进入该场所的"坏人"锁定，并由公安人员实施进一步的行动。这两种情境都是 1∶N 识别技术的应用。还有一种 1∶1 的识别，通过人脸与证件等已有图像的比对，来确定人的身份，在一些公共场所的安检中已经开始替代人工，如部分机场、火车站等的检票口。人工智能技术的应用使安防监控开始进化到"看得懂"的阶段。

当然，人脸识别只是人工智能技术在安防领域应用的冰山一角，智能安防时代绝不会止步于人脸识别的应用。如前所述，安防的重点在于防止坏人干坏事，避免好人受伤害，关键是如何做好预防、预测、预警，人工智能技术恰恰能在这几个方面补足人类的短板，有效克服人类的缺点。首先，人工智能技术使每一个摄像头都具备感知和判断能力，每一个机器人、每一台无人机都具备识别、报警、应急等能力，形成一个全覆盖、无死角的立体智能监控感知网络，真正实现"天网恢恢，疏而不漏"的理想状态，对所有的"坏人"都形成强大的威慑，使其有心无胆，不敢干坏事。其次，人工智能与海量数据的结合，将第一次让我们真正具备预测未来的能力。就像在工业领域已经大量应用的预测性维护，通过对大型机器设备多维度数据的采集和分析，在该设备尚未出现表征性的故障之前，对其未来将会出故障的问题点及大概率的发生时间做出预测，进而提前做出应对方案，避免危险的发生或者降低故障的出现给生产带来的影响。安防行业也是同样的道理，通过对安防数据的分析，我们可以提前对可能发生的安全问题或者危险状况做出预测，进而通过一定的应对手段，防止问题的发生或者对危险出现后的应急、防护工作提前做出准备，减少损失，降低影响。最后，随着人工智能技术的不断发展，算法的持续优化，在超强算力的支持下，其对于数据的处理和分析效率会远超过人类，能够在安全问题或危险发生前，及时做出准确的预警。无论是天灾还是人祸，只要能及时做出预警，就能有效控制其对人类的影响。同时，基于人工智能的预测、预警平台和应急综合管理指挥系统等协同工作，将在预警的基础上，制定最优的应急方案和最高效的指挥控制，从而最大限度地降低安全事件带来的伤害。

可以预见，智能安防时代的应用场景会随着人工智能技术的进化和各种相关配套技术的发展而不断拓展。按照这个趋势发展，人类未来将会生存在一个由人工智能控制的"安全世界"。那个时候，对于人类而言，安全问题将不仅仅存在于人与自然的关系之中、人与人的关系之中，还有人与人工智能的关系之中。

三、安防应用的两个场景

人类的生活起初是构建在一个庞大、无处不在且完全开放的大自然中，通过寻找并利用自然的庇护所和天然工具来保护自身的安全。之后，生产生活方式的变化及随之而来的社会结构的重塑，聚居生活方式成为主流，封闭的私人领地或者特定功能的专属公共空间进入人类的日常生活。各种各样的"边界"将人类的生活空间分割成多种不同的类型。从空间和人之间的相对关系的角度，可以分为开放空间、半封闭空间和全封闭空间 3 种。正是在这种带有"边界"属性的空间出现之后，安防才找到了自身的价值和发展的路径（图 2-5）。

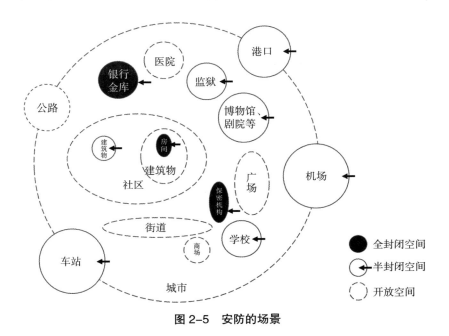

图 2-5　安防的场景

以一个现代城市为例。作为现代社会最重要的生活空间形式，城市为居于其中的人们提供了包括工作、消费、教育、医疗、交通、居住等全方位的服务，涵盖了人类衣、食、住、行、用的方方面面。这些服务的实现分别都基于多种不同的城市功能空间。正常情况下，城市本身是一个完全开放的空间，人们可以通过各种方式自由地出入其中。飞机、火车、轮船、汽车及其他陆地交通工具等则是从海、陆、空3个维度突破城市边界，进入或者离开一个城市的基本方式。由此，为完成城市与城市之间连接而出现的机场、火车站、港口等特定的功能空间被设计并使用。这些特定功能空间自身也具备了清晰的物理边界，人们只能在满足基本条件的情况下（如持有有效的机票、车票、船票等），通过特定的出入口，进入该空间内部自由活动。这类空间有几个特点：①空间本身有不可突破的物理边界；②空间的出入口数量有限；③人们只能通过出入口进入该空间；④满足某种特定要求的人才能进入该空间；⑤人在空间内部的活动自由不受限。如果同时满足以上几个特点，那么这个空间就是一个半封闭的空间。在一个城市内部，具备半封闭属性的空间还有很多。例如，学校、博物馆、剧院等提供特定公共服务的空间；部分管理严格的写字楼等只针对特定人群使用的建筑物，以及一些封闭管理的社区等。另外一类城市空间，虽然也有清晰的物理边界，但边界的任何一个部分都可以成为出入口，或者即使出入口数量也是有限的，但对于进出该空间的人的属性没有任何特别要求，任何人都可以自由、方便地进出该空间，在空间内部的活动也不受特别的限制。那么，这种空间我们就可以认为是全开放的空间。例如，城市的广场、道路、公园等基础设施；医院、商场等面向所有市民公众的开放服务空间等。还有一类城市空间非常特殊，物理边界清晰且严密，只有非常有限的特殊人群能够进入，进入其内部的目的也非常明确，其内部空间状态也不为大多数人所知，如银行金库、保密机关、核心机房等。这类空间对于大多数人可以说是全封闭的，几乎绝对没有机会接触。

安全是贯穿所有这些城市功能的一个最基本条件。基于不同的空间属性，安防的应用场景也有所区别。概括起来，从安防工作的目标、工具、模式等维度，可以分为卡口场景和开放场景两种。

（一）卡口场景

卡口的安防通常应用在半封闭和全封闭空间的出入口。两种空间对于安防的要求有很大的区别。对于半封闭空间来说，卡口安防的核心目标是为了确定无威胁，其次才是身份的确认。也就是说，在半封闭空间的卡口，安检是最重要的工作，尤其是对于金属、爆炸物、有毒有害的气体、液体等的检测更是重中之重。通过证件、密码，以及基于 RFID、人脸识别、指纹识别等技术的身份验证工作，实质上也是通过对进入者身份的确认来排除发生威胁的可能。半封闭空间的卡口往往还会有对交通工具的识别，尤其是对汽车车牌的识别，实际上也是基于同样的目的。

而对于全封闭空间来说，卡口的意义则大不相同，其核心目标不在于防止携带危险因素的人进入，而在于避免让不具备资格的人进入。换个说法，在全封闭空间的卡口，身份识别和验证才是重点。技术上，也不能仅仅依靠某一种识别或验证技术，而是要通过包括传统的密码、身份证件，以及人脸识别、指纹识别、声纹识别、虹膜识别等多种生物特征识别技术的综合应用，从多个维度验证进入者是正确的人。

（二）开放场景

虽然在生活中，我们时不时地要过一些卡口，但其实我们几乎从来不会在卡口处久留，因为在每一个卡口背后，都是一个开放的空间，我们可以在这个开放的空间内相对自由地活动，以达成一些特定的目的。这些活动有可能具有一定的规律，也有可能是完全随机分布的。这种半封闭半开放的空间，典型的如人员流动速率很高的机场、火车站等公共设施；学校、博物馆、剧院等为城市提供公共服务的空间等，通过卡口处的安检等措施降低风险系数。同时，在空间内部又通过面向开放场景的安全技术和产品，来保障空间内的安全。还有一种完全开放的空间。例如，城市就是一个非常典型的开放空间，而在一个城市内部还有广场、公园、街道、商场、医院等各种属性不同、规模不等的开放空间。这些空间没有卡口的控制，人们可以随意进出。保障这些开放、半开放空间内安全的重点是如何保证空间内的人不被伤害。或者换个说法，开放场景的安防重点不在于防止危险事件发生，而在于当危险发生时，如何高效应急，最大限度地降低危险带来的伤害。

从技术角度，我们可以分成几个部分，首先是对空间内的关键部位进行全方位的监控，保证能够及时发现人群的非正常行为。例如，人群在短时间内向某一地点聚集，并且长时间停留，保持聚集状态；或者某一个人突然出现非正常的行进轨迹，在不该停留的地方长时间停留，逆着正常的行进路线移动等；或者人群中的部分或全部在没有任何预先计划或者说明的情况下统一穿着某种统一的服装或者佩戴某种统一的标记物等。非正常行为往往和安全威胁相关联。当发现可能存在安全问题的非正常群体行为时，安防应急的方案就应该立刻启动，进入战斗状态。这时，安防技术的另一个发挥空间就出现了。通过对动态人群的人脸图像进行识别、搜索、定位，快速发现并锁定危险人物和危险源，为下一步的应急行动确定目标。一个综合的智能应急管理平台，实时调动各方资源，指挥警力对现场进行隔离，控制各个安防系统和设备，包括无人机、智能安防机器人等，展开全方位的密集监控和反馈，发布预警并安排救援。

总体来说，从安防的应用场景角度，我们应该把生活的世界分成大小不同、属性各异的空间，并找到这些空间的共性特征和差异属性，有针对性地设计不同的安防场景和解决方案。全封闭空间、半封闭空间、开放空间分别对应着卡口场景和开放场景下安防技术和模式的不同组合。卡口场景的安防工作是为了能防患于未然，保证某一空间内不出现安全问题。而开放场景的安防工作则是为了能把危险消灭在萌芽状态，力求最大限度地降低安全问题带来的危害和损失。

四、安防产业的主要生态

从金属探测器、视频监控等技术在安防领域应用开始，安防逐渐走出"以暴制暴""空手入白刃"的蛮荒阶段，从业人员职业化，服务对象和场景多元化，产品和服务供应专业化。一个独立的安防产业诞生，并伴随着城市和社会发展对安防服务的需求增长而快速发展。进入现代社会，社会治理的水平有了显著提高，公安、城管、消防等安防相关公共服务的能力越来越强、越来越专业，伴随而来的是对于安防技术和产品的要求越来越高。在这个背景下，安防的产业生态得到了进一步的发展和完善，需求端的客户类型不断扩展，需求的种类和特性持续增多，对供给端的服务能力要求不断提高，刺激着供给端也跟着走向专业分工、协同发展（图 2-6）。

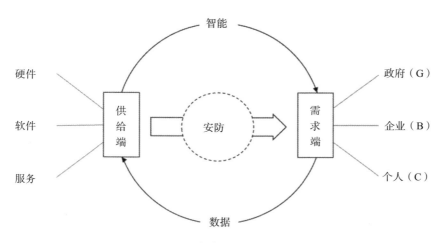

图 2-6　传统安防的产业生态

面向一般社会公众的公共安全服务的需求、面向特定社区或者私人组织的安全服务需求、面向个人的安全服务需求组成了安防需求的主要部分。3 种需求分别由 3 个不同的群体代表，构成了安防行业的 3 个主要的市场，分别是面向政府的市场、面向企业的市场和面向个人的市场。3 个市场对于安防服务的需求各不相同，发展阶段也相差较大。政府市场对于产品和技术服务的需求强烈，且规模巨大，是目前阶段供给端各个安防产品生产商得以发展壮大的最主要市场。以平安城市、天网工程、雪亮工程等为代表的大型安防项目创造了非常巨大的市场空间，尤其是对于视频监控、管理指挥等软硬件产品和服务。但政府对于安防专业服务的需求相对较弱，主要原因是政府已经建立的专业的、分工明确且覆盖全面的公共安全服务机构，已经具备了很强的服务能力，那么其对于安防产业的需求主要是为其安全服务机构和人员"赋能"，通过新的产品、技术和服务提升其专业安全服务机构的能力。

企业市场与政府市场不同，核心的需求是基于安保专业服务的。或者说，企业希望获得的是一套完整的安保服务，这个服务既包括各种必要的产品、工具、技术，也包括执行服务的专业人员，以及对这些人员的培训、管理等全部内容。实践层面，作为业主的企业既可能把全部服务打包采购，由第三方服务团队统一负责（包括服务、硬件、系统等全部内容），也有可能根据统一的方案分别采购。从安全服务的执行角度来看，一种方式由企业内部的团队执行，通常情况下，只有规模非常大的企业或者有特殊安防需求的企业才会自建安全服务团队。另外一种方式由外聘的第三方专业团队执行，对于大多数的企业来说，外采安全服务是一种更经济、更高效的方式。

个人安全服务的需求更加特别，与政府或企业的安防需求是基于空间安全及空间内部人员的安全不同，传统意义上个人安全服务关注的重点在于其个人的健康、意外预测预防、居家安全等几个场景。个人健康越来越受到现代人的重视，对身体的各项指标的监测构成了个人安全的大部分需求，因此也就带来了健康体检服务、可穿戴设备等的需求。意外预测预防对于个人来说主要有天气、交通、自然灾害、食品安全等几种。例如，高温、大风、降水等异常天气预警、交通事故的预报和交通拥堵的预测、地震、台风等大型自然灾害的预测、预警和预防，流行病的预防，大规模食品安全问题的预警和预防等都与个人安全息息相关，也需要多元化的服务提供支持。居家安全是个人安全市场中商业模式相对更清晰的一种，如安装防盗门窗、视频门禁系统、视频监控系统等。未来，随着人类生活的信息化、数字化的程度越来越高，个人的信息安全将会成为一个很重要的安全服务市场。到目前为止，个人安全服务还没有成为传统安防企业和服务供应商的主要目标市场，或者换个角度来说，很多的个人安全服务其实不是由一般意义上的安防服务商提供的。但在安防工作的专业化程度越来越高、服务所占比重越来越大、对服务的要求也越来越高的发展趋势下，个人安防市场将会成为未来安防领域的一个重要的组成部分。

与需求端的发展相适应，安防的供给端必然走向专业分工和产业协同。从所提供的价值形态角度区分，安防的供给端包括硬件、软件和服务等几种。传统的安防硬件主要包括以摄像头为代表的监控设备，指纹、虹膜、声纹等生物特征识别设备，金属、爆炸物等检测设备，温度、压力、震动等各种传感器，以及各种成套的显示设备、安检设备、防爆设施等。围绕硬件设备的生产、分销、安装运维等职能，安防产业内主要有产品制造商、系统集成及工程安装服务商、产品分销代理商等几个角色相互协同配合，其中产品制造商的上游还会有规模不等的各种供应商，构成另外一个制造业的产业链。

随着安防智能化的程度不断深入，安防硬件产品中会增加更多的智能模块，尤其是芯片，会从传统的芯片向性能更加突出的人工智能芯片发展。各类型安防硬件都会通过集成人工智能芯片转变为能够适应新的服务要求的智能硬件。硬件是整个安防产业的基础设施，是采集数据、感知世界的必要媒介，在未来的产业结构中仍将占据重要的位置。但随着技术的发展，硬件本身的同质化程度会越来越高，不同品牌的产品之间，性能差异会越来越小，行业竞争会愈加激烈。

安防软件主要包括两个维度：一个是与硬件结合的系统软件，通常都由硬件设备生产商及其供应商负责配套提供；另一个则是偏重于安防工作的运营层面，以应急、治安等管理、指挥系统及互联网平台为主。系统集成商、聚焦安防领域的专业软件公司、软件外包服务企业等都是安防软件系统和平台的主要供应商。伴随着整个行业的智能化发展，应用层面对于软件的要求会有较大的变化。未来，软件和服务的边界会越来越模糊，大量的服务都会通过软件即服务（software as a service）的方式提供，除了传统的安防服务以外，围绕安防数据的采集、通信、计算、存储、分析等各个环节，会出现很多新的服务需求，以及专业的服务机构。

传统的安防专业服务，一种是直接面向终端客户的安保服务，通常对于服务商有一定的资质要求，需要特殊批准，但运作方式相对更加市场化，如面向企业客户的安保服务、向特定人群提供的私人安全服务等；另一种是面向安全管理部门的配套服务，通常采用政府购买服务的方式运作，如报警运营等。目前阶段，我国的安保服务市场发展相对充分，有一批具有较大规模和较强服务能力的安保服务企业。但安防配套服务市场还处在早期发展阶段，能够提供的服务能力还比较有限，这个领域也缺少有实力的企业推动。例如，在西方发达国家的安防市场占据主要地位的报警运营服务在我国的发展还很弱小，缺少具有影响力的服务品牌和龙头企业。但随着我国政府职能的调整，未来面向安防管理的运营服务市场的空间会被逐步打开，会有大量有较强实力的企业通过专业服务进入安防产业。除了专业的安防服务，在安防产业还有各种咨询、培训、风险评估、监理、维护等辅助性服务，共同构成了安防产业的服务生态。

人工智能时代，安防产业会从原来线性的产业链结构，转变为一个以数据为血液、算法为大脑、平台为心脏的生命体，一个高效协同、互相强化的生态系统。供给端针对各项不同的需求提供智能化的解决方案和能力，需求端则为各个供给方反馈海量、多样的数据，从而能够持续改进安防工作的智能化水平，两端形成良性的互动，共同提升安防方案的智能化水平。

第三章

智能安防的优势和特点

经过前面对人工智能和安防两个行业基本情况和发展历程的简要介绍，我们都有一个初步的认识，在 21 世纪之前，这两个领域基本都是相互独立在发展，几乎没有任何的交集。人工智能的研究者们都还在忙着讨论通过图灵测试的各种可能，同时琢磨如何在各种棋类游戏中向人类挑战。而安防行业还在借助摄影摄像和数据存储技术的发展开始向技术和产品为主导的安防模式艰难探索。直到 2006 年，深度学习的横空出世，让机器在图像识别这件事儿上开始具备了与人类媲美的能力。人工智能和安防两个领域的交集开始显现，人脸识别技术在安防监控市场得到了应用和认可。到今天，智能化发展已经成为整个安防领域的共识。在这个探索的过程中，人工智能技术的应用展现出了一些独特的优势，让智能安防不仅仅是两种技术的简单结合，其所具备的一些主要特点将有可能会带来安防模式的深刻转变。

一、智能安防的优势

在人类社会的历史上，以安全为目的监控他人这件事其实由来已久。不同的时代，由于不一样的技术条件的限制，监控的方式和成本差异很大。在大规模的视频监控系统布设之前，要想达到监控他人的目的，只能采用"人盯人"

的方式，通过人海战术达到效果。例如，在柏林墙树立的 30 年间，在前东德一共区区 1800 万人口中，就有接近 30 万人曾经常年为秘密警察部门工作，或者说大概 66 个人中，就有一个人是警察部门的眼线。这些警察的眼线对生活在前东德的超过 600 万人实施了日常的监控，把他们看到的事情汇报给上级，上级再汇报给上级，经过层层传递之后到达警察部门的决策者。效率很低，一个情报的传递通常要以天为单位，效果也很差，口口相传的信息损失巨大。后来，随着技术的发展，眼线的角色不再由一个个活人来扮演（当然适当数量还是需要并且存在的），而是换成了林立于街头巷尾的摄像头。信息的传递效率和效果都显著提高。那么，人工智能技术的应用会给安防带来哪些方面的改变呢？

与人类智能相比，人工智能是机器智能，而非生物智能。机器智能在处理、分析机器采集或者生成的数据时，可以直接理解数据本身，而不需要经过任何的可视化或者可感知的处理过程。由于省去了这个中间信号翻译的过程，机器智能能够比人类更早接触到数据，能够以更快的速度完成大量数据的处理，尤其是不同来源、不同维度的多源数据的融合处理。同时，因为没有信息转化过程中的数据损失，机器智能理论上能够接触到比人类智能更完整的数据，处理、分析结果也应该更准确。这些都是人工智能可以在具体产业场景中获得应用空间甚至替代人类的重要优势。

智能安防的主要优势也体现在早（early）、快（velocity）、准（accurate）、全（comprehensive）4 个方面。

（一）看得更早

传统的监控视频的处理流程大概是：摄像头拍摄图像并对图像数据进行编码，数据被传送到云端的服务器或者其他存储介质中等待处理，终端处理程序重新将数据转换成为人类能够看得懂的图像，相关人员在需要时通过终端的屏幕查看视频图像，并通过快进、快退等操作进行检索。在被相关人员看到之前，监控视频的图像数据实际上已经经过了编码、传送、解码、显示等几个过程。那么，在传统的安防监控模式下，人类看到的其实都是过去的信息，无法通过掌握即时信息以做决策。也正因此，传统安防在事前预测和事中应急管理方面很难有特别大的作为，这在一定程度上是由其能够利用的数据属性决定的。尽管说，这个过程也可以被尽量压缩到人类自身无法感觉的程度。但在分秒必争的安全问题应对过程中，这种技术性的短板还是会对安防工作的效果和创新造成很大的制约。

人工智能技术的应用则可以彻底扭转这种局面，对数据的处理和分析直接在摄像头端或者是边缘端的设备上完成，而不需要等待数据走完之前的流程，重新转换为人类可识别的图像信息。简单来说，就是人工智能会比人类智能更早看到数据。在人眼能看到图像之前，人工智能已经完成了对图像的处理、分析、识别等，并直接将其分处理、分析的结果提供给人类，以供决策。而这还只是人工智能在感知方面所带来的影响。在未来，当机器人、无人机等智能机器大规模参与安防应急工作，人工智能被赋予更多"决策"权力的时候，这种"看得更早"的优势会体现得更为明显，这部分时间节省带来的价值也将会数量级放大。

（二）看得更快

"快"本身是一个相对概念。人工智能的快也是和人类智能相比较而言的。当然，人工智能也并不是在所有情境下都可以"快"过人类，也有其限制条件。人类智能更擅长于处理非结构化信息，如情感、情绪等，以及对多元、复杂信息的抽象思维和想象能力。而目前阶段的人工智能则更擅长于处理结构化程度较高、逻辑较为清楚的信息，如规则明确的计算。人类能够在毫秒间轻松地捡起一块石头，如果按照机器的逻辑来分析，这个动作本身需要大量的计算和数据处理。就这样一个对于人类来说再简单不过的动作，人工智能都需要调用超大的计算能力、耗费大量的时间来处理。但与之相对的是，人工智能能在毫秒间从莎士比亚全集中找到一句对白，而人类则需要耗时数天甚至数月。

相比人类，人工智能依据确定的规则处理特定数据的速度更快，尤其能在短时间内完成对海量数据的处理和分析。安防数据正是这样一种高度符合人工智能技术特性的数据。一方面，安防数据的相似性较高。无论是视频监控数据，还是其他传感器采集的数据，结构相似性都比较高。例如，监控视频的内容中，最关键的就是对人、车、物的识别，这些识别对象都具有相对比较明确的特征属性。另一方面，安防数据的处理目标一致性较高。尤其是当前阶段，目标对象的识别、定位是安防数据价值体现的重点。那么对于人工智能来说，目前阶段最重要的任务就是从大量的安防数据中通过特征比对来识别、定位某一个或者某一些特定的对象。而这恰好更能够发挥人工智能在依据特定规则处理、分析特定数据方面的优势，以更快的速度从海量数据中获取想要了解的信息。

（三）看得更准

"耳听为虚，眼见为实"，人类对于视觉识别能力的自信程度可见一斑。但在深度学习支持下，机器视觉似乎正在对人类的这种自信发起了巨大的挑战。特别是在人脸识别、图像分类等很多任务中，机器视觉的表现已经比人类更为优秀。2016 年，在包括物体检测（识别）、物体定位、视频中目标物体检测三大部分挑战项目的国际权威赛事ImageNet 大规模视觉识别挑战赛(ILSVRC)上，机器视觉技术的图像识别错误率已经达到大约 2.9%，远低于人类 5.1% 的识别错误率。之后，机器视觉的图像识别能力还在不断提高。如今，在图像识别这个领域，人工智能的表现已经大幅领先于人类。

不仅是在图像识别领域，在语音等其他人工智能技术的应用场景下，人工智能技术的实际表现也在快速缩短与人类之间的距离，甚至在一些特定场景下，人工智能的能力也已经实现了对人类的超越。2015 年，百度表示百度汉语语音识别技术的词错率已经低于人类平均水平。2018 年，依图科技的短语音听写字错率（CER）仅为 3.71%，大大提升了语音识别技术的准确率。而且技术进步的角度并没有因为已经超越了人类表现而有任何懈怠或停滞。随着时间的推移，语音识别技术的准确率仍在不断提升。

（四）看得更全

从理论上来说，数据量越大、维度越广，其中能够提取出来的有效信息就会越多，那么基于这些数据得到的结论就越可靠、越有价值。但大量、多维数据对于处理和分析能力的要求也相应很高，远超出了人类能够实现的范围。人工智能相关技术，尤其是大数据技术，正好非常擅长处理具备大量（volume）、高速（velocity）、多样（variety）、低价值密度（value）、真实性（veracity）等特性的数据。而安防数据又恰好高度符合上述 5 个特性。

智能安防的"全"主要包括两个层面的含义：一个层面是指监控摄像能够从不同的角度、不同的位置，在同一时间对同一目标对象或者同一个场景进行图像记录。而单纯依靠人力，要达到同样的效果，需要调动大量的人来做监控的眼睛。而且，人眼看到图像数据都是经过处理和筛选的，多个人看到的信息集合在一起，就会出现相对较高的信息损失，导致无法做到对真实场景的 100% 还原。人工智能则不存在这个问题，数据可以完整集中到边缘端或者云端进行处理。另一个层面，人工智能能够调用全网数据、全时数据进行综合分析。相比人类而言，人工智能算法能够同时调用与安防监控数据相关的全维度、全时空数据，不仅是视频数据，也包括身份信息、互联网浏览记录、消费记录、行踪信息、社交媒体的信息等；不仅是当前的数据，不同时段的历史数据都可以被瞬间调用。综合大量、多维数据所得到的结果会更接近真实。

综上所述，智能安防从作用时间、处理速度、识别能力、数据维度等方面都带来了新的变化，给安防工作赋予了新的能力，也为安防工作的模式创新打开了新的空间，使安防从被动应急到主动预防成为可能。

二、智能安防的特点

（一）智能安防是人工智能的典型应用场景

自概念提出以来，人工智能一直致力于在某些特定的问题上获得媲美甚至超越人类的能力。最为人熟知的就是人工智能在棋类游戏中的表现。不断挑战难度更高的棋牌类项目，并最终在比赛中战胜人类。人工智能的亮眼表现建立在两个前提条件之上。一是任务拥有明确的边界，要解决的问题清楚且容易定义；二是高效的算法和强大的计算能力能够发挥巨大的作用，对结果有根本性的影响。这也导致，虽然人工智能看起来很厉害，在国际象棋、围棋等这些曾经代表人类智力水平的游戏中把人类拉下马，但却很难在产业应用中找到空间，主要就是因为产业的实际往往比棋类游戏的环境要复杂得多。深度学习的提出和人工神经网络的发展在一定程度上改观了人工智能的这种尴尬处境，特别是在机器视觉领域的突破，让人工智能技术终于在现实生活中找到了能够一展拳脚的舞台。安防成为人工智能技术落地实践的一个首当其冲的典型场景，也是基于安防本身的几个特点高度符合人工智能技术的特性。

首先，安防工作基本都是特定任务。现阶段，安防工作已经具备了较好的数据基础，大量的摄像头和传感器记录了海量的数据，但是，安防决策的核心还是人类。那么，安防领域对于人工智能技术的期望就主要集中在如何利用好已有的监控数据，协助人类对目标对象进行识别和定位。人脸识别技术的发展正好顺应了安防行业的这个需求。通过特征提取、比对进而完成身份的识别这个目标明确的特定任务正是人脸识别技术的擅长之处。而安防的海量人脸数据反过来又推动了人脸识别算法模型的持续优化，两者的发展可谓相得益彰。另外，这种针对特定任务的人工智能应用，还可以通过从芯片到算法的针对性深度优化，以进一步提高人工智能的效率和效果。

其次，安防的数据规模巨大，对于计算能力的要求极高。而且，安防数据的大部分都没有太大的价值，能够给人类提供有价值信息的只有很小一部分，这给安防数据的处理和分析提出了更高的要求。同时，安防工作对于数据处理和响应速度的要求也非常高，需要强大的计算能力提供支持。在需要依靠人脑对安防数据进行检索、分析的情境下，这些数据的价值体现更为艰难，关键是受制于人类在处理这一类结构同质化程度很高、规模很大的数据时的计算能力。

因此，安防行业对于计算能力的高要求也高度契合了人工智能的技术特性。

最后，现阶段安防领域对于技术的最主要期待在于能够提供对人、车、物等关键主体的识别能力，以便能够将海量数据中的有用信息快速抓取出来。或者说，强感知能力是目前安防对于人工智能技术的主要要求。这一点正好是人工智能在第三次发展浪潮中首先取得突破的领域。

综合来说，安防领域的任务特性、高算力要求和强感知需求与人工智能在当前阶段的技术能力特点匹配度极高。由两者结合而来的智能安防既是安防行业的内在发展需求，也是人工智能技术进化的结果。当然，我们也相信随着强人工智能和通用人工智能的发展，其给安防行业带来的影响和变化还会更多、更深刻。安防的智能化进程仅仅是开了个头，还有很大的空间等待着被探索和开拓。

（二）智能安防的核心在于预测预警

囿于人类自身的能力限制，在过去我们对于安全问题的应对只能做到被动防范和事后处理，距离事前主动预防的目标还有很远的距离。安防智能化的核心便在于让我们应对安全问题的方式从被动转向主动、从事后处置转向事前预防。要想做到预防，我们就必须首先能够发现异常并且定位目标，只有如此才能对事态的下一步发展做出预测，并对相关人群提出预警。

预测和预警是两个不同的阶段。预测是判断，通过数据分析，得到对某一事件发展趋势的判断，或者对某一个目标对象未来行为和行踪的判断等。预警是行动，是在预测判断的基础上，通过各种可行的方式，对目标人群进行警告。预测是预警的前提，只有在有效预测的基础上，才有可能进行有效的预警，也才可能发挥有效地防范安全风险的作用。

在《大数据时代》一书中，维克托·迈尔－舍恩伯格认为大数据是指不用随机分析法（抽样调查），而采用所有数据进行分析处理，建立在相关关系分析法基础上的预测是大数据的核心。或者说，大数据是一种规模大到在获取、存储、管理、分析方面大大超出了传统数据库软件工具能力范围的数据集合，具有海量的数据规模、快速的数据流转、多样的数据类型和价值密度低四大特征。大数据包括结构化、半结构化和非结构化数据，非结构化数据越来越成为数据的主要部分。大数据带给我们的 3 个颠覆性观念转变：是全部数据，而不是随机采样；是大体方向，而不是精确制导；是相关关系，而不是因果关系。

预测需要基于对大量数据的分析结果。人工智能技术的应用可以将安防的数据有效利用起来，用于预测分析。预测要尽可能剔除干扰信号的影响，基于客观的分析。这其中，人类自身的情绪、经验等主观信息对于预测会产生很大的影响。而人工智能则能够完全保持客观中立。当然，我们不否认人类的经验在面对安全问题时所能够发挥的特殊价值，如很多疑难案件的侦破都是源于有经验的警察的灵光一现。但这种方式更多是人类的直觉体现，而非基于严密的逻辑推理，因此，不具备复制的基础，无法成为可以被更多人使用的工具。对于数据层面的干扰信息，实际上无须过多担心，只要能够有效地识别干扰信息，并在分析过程中予以调整就可以了。人为的欺骗对预测的影响反而更大，需要在实际操作的过程中予以重视。

预警分为两个方面：一方面是对好人的预警，提示将会出现什么安全问题，以提前准备或启动应对方案。另一方面是对坏人的预警，通过适当的手段告知有不良企图的对象，其计划和行踪已经被发现了，再进一步行动的话，就一定会被捕获。通过警告，制止坏人的进一步行动，达到预防安全问题出现的效果。

预测和预警的结合，将能够在实质上改变我们应对和解决安全问题的方式，让安防工作真正起到对安全问题预防的效果。

（三）智能安防的关键在于数据

"巧妇难为无米之炊。"如果没有足够数量和质量的数据，哪怕算法再优秀、算力再强劲，都无济于事。在这个意义上，数据是智能安防业务的关键。

数据之于人工智能就像血液之于人类。所有我们能想到的人类血液的问题，几乎都适用于人工智能时代的数据。例如，对于人类而言，贫血不行、血液被感染不行、失血过多不行、血型不匹配不行、白细胞太少也不行等。相对应的，智能安防的重点也在于数据的采集存储、互联互通、分析挖掘、可视化，以及由此引申而来的数据质量、数据安全等问题。

1. 数据采集

具体来说，安防数据的采集要尽可能做到全面完整、清晰准确，为人工智能这个"巧妇"提供更多高质量的原材料。这就要求在采集时要尽可能做到多角度、多维度、全时间拍摄。另外，还要特别注意减少编码、压缩过程中的数据损失。同时，还要保证在数据存储、传输过程中不发生数据丢失。

2. 数据互通

数据的互联互通是发挥数据价值的前提。尤其是安防领域，A 城市的监控视频拍摄的图像可能对于 B 城市的一个案件的侦破具有决定性的影响。因此，安防数据的共享意义重大。为了更好地保证安防数据的互通性，一方面要推动建设安防数据的行业标准及国家标准，以及不同标准之间的相互转换，从数据格式上保证互通的可能性；另一方面，应用层面要尽可能采用通用性更高的标准，要尽量让自己流"O 型血"，以提高数据的适用范围。

3. 数据分析

数据分析挖掘工作高度依赖于人工智能算法的优化，重点在于效率和效果两个方面。效率是要尽可能提高数据处理的能力，尤其是在算力有限的情况下，保证一定的数据处理和分析能力，让数据分析的任务可以在设备端或边缘端等完成，从而减少数据在设备和云端的传送成本和时间损失，提高整个系统对数据的利用能力。效果是要保证数据分析结果的可靠性，要尽可能逼近真实，从而能够为人类的决策提供更多的参考价值。

4. 数据呈现

数据的呈现，也可以称作是数据的可视化，是数据分析结果与人类智能之间互动的桥梁。基本上有两个方面需要考虑：一个方面是呈现的载体要多样化，桌面端、移动端及未来的VR/AR设备等都需要有良好的适配；另一个方面是呈现方式的多样化，不仅是图形图像，还要能通过语音、动作等方式来呈现数据分析的结果，以达到和人类的协同。

5. 数据质量

数据质量问题取决于两个方面：一方面是数据来源的质量，如监控视频的清晰度。分辨率从标清到高清再到未来的4K，同时加上拍摄技术的优化，监控视频的质量越来越高。例如，声音的清晰度，需要尽可能记录说话人声音的每一个细节。另一方面是后期处理的质量，如对关键特征信息的提取，以及对干扰信息、噪声等的处理等。

6. 数据安全

数据安全贯穿其整个生命周期，在每一个环节都必须要给予高度关注。　一个角度是数据的保密，保证安防数据不被非法访问或复制；另一个角度是数据的隔离，保证安防数据不被篡改或污染。

（四）智能安防的重点在于服务

传统安防时代，安防任务的执行主体是人，任务属性主要是事中的应急指挥、救援及事后的侦破、善后等。安防工作的价值在于如何更好地协助人类采集数据、留存证据，因此，重点是如何提高数据采集的技术和产品，解决"看得到"和"看得清"的问题。

智能安防时代，会有越来越多的安防任务由机器人执行，人机协同的场景成为主流，任务属性也会从事中、事后扩展到事前的预测预警。安防工作的价值在于如何更好地辅助人类的决策、提高安防的效率和效果，因此，重点是如何更好地将数据的价值转化为人类能够接收到的服务，解决"看得懂"的问题。

智能安防的服务属性体现在两个方面：一方面是从信息服务向决策服务的转化；另一方面是从面向"点"的服务向全周期服务的转化。

1. 从信息服务到决策服务

人工智能的应用带来的第一个直接影响就是服务的内容从过去的信息呈现

转向决策支持。换句话说，过去安防系统只能把它看到的东西直接拿给你看，你能看到什么它决定不了。而智能安防系统则是直接告诉你它看到了什么，互相之间有什么关系，你不需要再亲自去看每一个细节，就能做出行动决策。下一阶段的智能安防系统不仅会告诉你它看到了什么，还会告诉你应该怎么做，你甚至不知道它的整个决策建议是怎么做出来的。而未来的智能安防系统会更进一步不再依赖于人类的决策，而是根据它的分析结果，直接采取行动，向包括人、机器人、无人机等在内的各种安防资源发出指令。

2. 从面向"点"的服务到面向全周期服务

智能安防系统的服务范围也会从一个个"点"的功能性服务，转向全周期一体化的服务。这个过程建立在安防产品和服务全流程数字化的基础之上。因此，智能安防实现的第一阶段首先是服务流程和服务产品的数字化、网络化，包括安防数据的采集、分析、决策、指挥等都要通过信息系统来完成。但由于负责决策的人脑无法直接连接成为一个整体，导致所有这些系统的工作都是基于某一个环节、某一项功能来展开的，相互之间尽管数据可以联通，但服务无法自动连接。而基于人工智能的大脑则能贯穿安防服务的全过程，使之成为一个整体。因此，在智能安防时代，人工智能技术的应用将能够让安防服务的全过程脱离人的局限，通过调用全网、全周期的数据来完成对现状的研判、趋势的预测和行动方案的制定、执行等一系列工作。

第二部分

为什么需要智能安防

安防的智能化是人工智能技术发展到一定阶段后的历史必然。安防工作的特殊属性决定了人工智能技术的应用能够解决一些传统方式无法解决的问题，创造出新的安防工作模式，以及一个更加安全的社会生活环境。

第四章

时代发展呼唤安防智能化

一、信息时代更要防患于未然

信息技术的发展，不仅给我们的生活带来了高度的便利，同时也带来了新的安全问题，并大大缩短了潜在风险的发生时间，给安防、应急工作提出了更高的时效性要求。正所谓"魔高一尺，道高一丈"，从斗争策略的角度来看，安全防范工作必须要走在风险的前面，才有可能有效应对新环境下的安全问题。事前预测预警在新的安防环境中的价值和作用的发挥尤为重要。因此，信息时代的安防工作更需要人工智能技术的加持。

（一）信息时代公共安全的风险点更多

信息技术的一个重要影响，是让人与人之间的关系摆脱了时间和空间的限制，很多在农业时代、工业时代无法实现甚至无法想象的社会关系和互动方式出现，并且逐渐进入了很多人的主流生活。人的社交范围不再局限于过去的同学、同事、同乡、亲戚、邻居等，而是扩展到了同学的同事、同乡的亲戚、合作伙伴、网友等复杂的关系网络。我们常常会通过感叹"世界好小啊"，以此来表达我们对偶遇熟人的惊喜。殊不知，在社会学领域，的确有一个被称作小世界理论的猜想，通常也称作六度空间理论（six degrees of separation），意思是我们和任何一个陌生人之间所间隔的人不会超过 6 个，或者换个说法，最多通过 6 个中间人我们就能和任何一个陌生人建立联系。1967 年，哈佛大学的心理学教授斯坦利·米尔格拉姆通过一个连锁信件实验证明了平均只需要 5 个中间人就可以让任何两个互不相识的美国人建立联系。

而身处信息时代的我们，不仅可以和"一度"空间的朋友保持"常联系"，还可以很方便地与"二度""三度"空间范围内的朋友建立直接联系，并保持频繁的沟通。从大尺度上看，世界好像越来越小了。但从每一个人的小尺度来看，世界好像又越来越大了。二者之间的区别在于，每一个强关系网络的范围越来越大了，或者说原来的一部分弱关系网络转化成了强关系。这个转化极大地提高了社会关系的丰富程度，或者说复杂程度。而社会关系复杂程度的提高所带来的直接效应就是公共安全风险点的增加。道理其实很简单，人与人之间的互动和协作是创造价值的源泉，同时也是出现矛盾、纷争的土壤。直接沟通协作的强关系越多，人和人的直接协作就越多，出现问题的可能性也就越大。

举例来说，互联网金融业务的快速发展，特别是移动支付方式的普及，让一种将小额资金聚集起来借贷给有资金需求人群的民间小额借贷模式快速爆发。这个模式就是我们常说的 P2P（peer to peer）贷款，或者叫点对点网络借款。P2P 的快速发展其实也是得益于互联网时代人与人之间强关系网络的扩展，让身处天南海北，互相之间完全没有直接关联的人，只是通过有直接互动的亲友之间的互相推荐，便加入一个"大家庭"之中，成为同一个群体中的一员。于是，当这个"大家庭"，也即这个 P2P 平台出问题的时候，这个群体的成员便成了一个具有相同利益诉求的共同体，进而为了获得诉求的满足而采取一致的行动。就这样，一个在传统社会形态下需要长时间积累甚至根本不可能出现的问题，在信息时代，只需要很短的时间就能完成萌发、策划、组织、实施等一连串动作，最终成为影响重大的群体性公共安全事件。

强关系的增多所带来的影响远不止 P2P 一种。应对这种变化，需要我们能够对强关系的效应有更深入的洞察和对其发展走向和潜在影响的提前预判。而对复杂网络下的互动进行分析、预测已经远超出人类智能可以有效发挥作用的范围，需要借助于更直接更高效的算法和更强大的计算能力才能实现。

（二）信息时代更有机会出现团伙作案

信息技术不仅武装了执法人员，同时也让犯罪分子获得了前所未有的能力。以 QQ、微信等为代表的即时通信产品让犯罪分子能够远距离完成协作，这种能力使得分工合作的效率大为提高。这也促使在互联网环境中长大的年轻一代，更加容易结成或松散或严密的团伙，实施一次或多次犯罪行为。其中，偷窃、抢劫、故意伤害等占绝大多数。虽然看起来这些团伙无非还是干一些小偷小摸、抢个东西、打个群架之类的一般违法行为，但从一开始这些行为就都是以团队的形式在实施，每一次小的犯罪活动都在刺激着这个团伙向正式化、长期化的方向发展，假以时日很容易演化成黑社会组织等对社会危害极大的帮会活动。因此，这种利用新的网络通信工具进行联系、沟通，并在实施犯罪行为时进行指挥，甚至在完成犯罪活动后进行分赃等全过程的违法犯罪活动，需要引起相关执法部门的高度重视，尽可能将其消灭在萌芽状态。

首先是对特殊人群、重点人物的网络行为进行适度的监控，尤其是一些异常的活动，如在非正常时间接入网络、频繁登陆不常用的特殊网站、与某个人或者某群人在短时间内互动频率异常升高、购买了大量不常用的特殊物品等，能够及时掌握部分关键人员的动向。其次，在团伙犯罪活动实施过程中或者后续案件侦破过程中，应用人脸识别、声纹识别等生物特征识别技术，对团伙成员的身份进行识别确认，以快速完成对犯罪分子的抓捕。最后，在案件侦破过程中，还可以对相关嫌疑人员的行踪、网络行为等进行持续的跟踪监控，直到发现相关证据，完成抓捕。人工智能技术在对团伙成员日常活动的系统化监控、分析，犯罪活动进行过程中的情报捕捉、通信干扰、综合布控，以及事后的应急救援、侦破、抓捕等全过程中都有巨大的价值，一方面能够大幅降低人为监控的成本，提高监控的效率，尤其是对于网络行为的在线监控，人工智能的效率和效果都会大幅优于人类；另一方面，只有更加高效地利用同样的社交工具、用同样的语言沟通、用同样的方式思考，才能"以其人之道，还治其人之身"，在充分了解对手的基础上，掌握先机，战胜对手。

信息时代，在新的通信和协作工具的支持下，团伙犯罪呈现以下特点：①松散化，团队成员不固定，根据不同的目的临时组建；②短期化，能够快速组队，快速实施犯罪活动，完成后随即快速解散；③异地化，团伙成员可以来自多个不同的地区，临时聚集到某地实施犯罪，之后迅速分散回到各地。这些新的特点要求安防工作也要与时俱进，突破传统思维的限制，广泛、深入地应用各种新的技术，尤其是人工智能技术，有针对性地进行防范和打击，才能赢得新时代的安防斗争。

（三）信息时代更容易出现群体性事件

群体性事件的发生需要信息的大规模传播、社会民众的低成本参与、群体情绪的一致性激发等前提条件。传统社会形态下，这些条件同时得到满足的难度极高，因此，群体性事件的发生概率也相对较小。但在信息时代，尤其是伴随着新媒体的发展，信息的传播效率和规模已经远超越传统媒体；民众的参与成本也大幅降低，鼠标轻点就可以完成一次转发，为事件的发展推波助澜；而新媒体的社会化传播特性更是极易促成群体性情绪的生成和传播。

从突尼斯发生的"茉莉花革命"所引发的蔓延整个阿拉伯世界的"阿拉伯之春"运动开始，国内国外连续发生了很多大型的群体性事件。尽管这些事件背后都有深层次的政治、经济、社会因素，但以 Facebook 为典型代表的新媒体在整个过程中都扮演了非常重要的角色。

社交媒体能够实现事件信息的大规模快速传播。在"茉莉花革命"发生前，大量有关突尼斯政府和总统家庭成员贪污腐败的消息已在 Facebook 上散布，水果贩穆罕默德·布瓦吉吉自焚事件在 Facebook 上传播，事件的进展也通过 Twitter 向半岛电视台等国际新闻媒体实时发布；在美国"占领华尔街运动"中，大量的照片和视频通过互联网传播，现场的示威者利用社交媒体与更多的网友通过直播的方式进行互动交流；在台湾"太阳花学运"中，在服贸协议签署之后，随即出现了以"黑色岛国青年阵线"与"反黑箱服贸民主阵线"为典型的多个反服贸团体，积极利用新媒体传播反服贸信息，组织反服贸游行与讲座，从而强化社会公众对于服贸的负面认知。同样在"香港占中"运动中，通过官方网站、即时通信软件、社交媒体、网络论坛等传播集会、游行、行动的信息，传播和扩大各自团体的影响力。[①]

社交媒体能够为不明就里的普通社会公众提供低成本的参与通道。在"香港占中"事件中，许多普通民众通过社交网络加入运动中来。例如，"香港占中"事件前，Facebook 的用户学民思潮的粉丝量仅 5.5 万，"香港占中"事件后迅速攀升至 27.3 万。在"香港占中"事件中，参与者通过官方网站、社交媒体账号、传统媒体传播、网络论坛、各种 APP 的运用等来宣传运动的诉求、目标、策略、进程等，以吸引更多的市民加入集会当中来；在突尼斯的"茉莉花革命"中，参与者都是通过 Facebook 等社交媒体平台自发地成为运动的参与者和宣传者，整个活动的组织架构、活动计划、实施方案等也是在人们的网上讨论中形成的。

社交媒体更在群体性事件的发生发展过程中，有效地推动了群体一致性情绪的产生。例如，Facebook 在"香港占中"事件中就发挥了重要作用。认知角度，Facebook 会导致个人观点的不断强化，这是因为个人在 Facebook 中接收的大多是与其观点一致的信息。情绪角度，Facebook 容易引发激进情绪的产生和扩散，其原因在于作为社会化媒体，Facebook 具有用户年轻化、成本风险低、不受新闻专业主义与新闻伦理约束的特点。[②]

一个基本的认识是，社交媒体的传播效率已经超出人类能够控制的范围，常规的舆论控制手段在新的社交媒体面前几乎没有任何作用。只有充分应用新

---

① 韩娜. 社交媒体对政治传播影响的研究 [J]. 新闻记者，2015，8（390）：81-86.
② Facebook 在"香港占中"事件中的作用及成因：基于访谈的总结分析 [EB/OL]. (2016-03-31) [2019-07-26].http://media.people.com.cn/n1/2016/0331/c402791-28241443.html.

的技术，对海量的社交媒体数据进行抓取、分析，才有可能发现群体性事件的蛛丝马迹、才有可能获知群体性事件背后的真实推动力量、才有可能抓住应对群体性事件的关键环节和关键人物、才有可能提前预判群体性事件的发展态势，进而实施有效的控制和疏解。

总之，新的时代背景给安防工作带来了新的要求。预测、预警的作用在新的社会形态中显得尤为重要。安防的智能化发展正逢其时。

二、智能安防是技术发展的必然结果

技术的发展一直在驱动着社会治理模式的变革。工业革命不仅让农民从"靠天吃饭"的生存状态转变为与机器一起生产的工人，完成了身份和职业技能的转化。同时，也给人类的生活方式带来了巨大的变化，从城镇走向更大规模的城市。相应地，社会的治理方式也随之更新换代。以互联网、物联网、人工智能等为代表的新一代信息技术所驱动的第四次工业革命，将推动着人类社会进入一个新的人机协同、虚实结合的新形态。新的社会形态必将会带来新的安全问题，同时派生出来新的安防需求。一方面，在新的环境下，数据量将会越来越大，远超出传统手段能够应对的范围；另一方面，新的环境将是一个万物互联、万物智能的世界，人类的社会角色会出现较大的调整。所有这些由技术发展所带来的社会变革，都要求安全防范技术和模式不能停留在传统思维，而要顺应新环境的要求，创造性地应用新的技术，尤其是人工智能技术来保障人类生产生活的安全。在这个意义上，安防智能化其实也是技术发展的一个必然结果。

（一）大数据需要大能力

安防技术和产品的发展，让我们有能力采集大量的数据。这些数据包括视频监控拍摄的图像、各个卡口场景下的出入记录、社交媒体上行为数据、网络浏览记录、物理世界的行踪轨迹等与人的生活和行为相关的几乎一切数据。这些数据中的一部分已经开始被一些商业机构用来分析人对信息或者产品的需求、个人的兴趣爱好和消费习惯等。但着眼于安全角度考虑而对这些多维度的数据进行综合利用的方案还比较少见。出现这种情况的原因，一方面可能是因为安防工作是由负责安防工作的人主导，而不是由技术或者客户（安防的对象）主导，技术的应用要符合人的需求。另一方面，可能是由于数据量实在过于庞大，即使人有意愿对数据进行深入的挖掘和应用，但苦于没有非常合适并且高效的技术能够支持。无论原因为何，一个直接的影响是，数据不仅没能发挥其价值，甚至还成为相关方面的一个负担。

以视频监控数据为例，平安城市、天网工程、雪亮工程等大型国家级项目的推广实施，在我国的城乡建设起来一张庞大的视频监控网络，监控点位从最初的几千路，到几万路，甚至于到现在几十万路的规模。这些监控设备 24 小时不停歇地运转，采集各式各样的数据，规模之大超乎想象，尤其是随着近些年高清、4K 摄像设备的推广应用，数据量更是呈指数级攀升。如果不能对这些数据进行有效的处理和分析，并指导安防工作的具体实践，那么这些数据的采集就毫无价值，是数据垃圾，还会带来很多存储、传输等额外成本。但是，这些数据真的没有价值吗？绝对不是，实际上是人类能力的局限导致我们没办法把这些数据的价值充分挖掘出来。安防监控视频数据量的增长，已经使得依靠人工来分析和处理这些信息变得越来越困难，已经无法再继续简单利用人海战术来进行检索和分析，需要新的智能技术的协助，实时分析视频内容、探测异常信息、进行风险预测，以最直接高效的智能化技术提升摄像头的能力，让其更有价值。

视频监控数据的另一大特点表现在，大部分数据是无用的冷数据，有效数据可能只分布在一个较短的时间段内。要从海量的视频内容中找到那一小段有价值的数据，难度堪比大海捞针。这给传统依靠人力进行数据检索的模式带来了巨大的挑战。因为人类只能被动地看，等待内容播放到我们认为有价值的那一段；而无法主动去找，从一段视频内容中把有价值的部分直接挖掘出来。根本原因是，视频内容本身的存储则是数字形式，而人类对视频信息的识别是通过图像，两者本质上不是用同一套语言在交流，中间通过了一个有形的图像作为媒介。这个媒介实际上限制了人对监控视频数据的利用。如果有一天，我们可以通过脑电波直接与电脑进行交互，那就能够直接从一段监控视频中把我们感兴趣的部分抓取出来了。目前，脑机接口的研究还在非常前沿的阶段，距离产业应用还有很长的距离。我们当下能够借助其能力，帮助人类对监控视频等安防数据有效利用的只有人工智能技术。人工智能依托类似于人类的"思考"能力，但通过和机器一样的"语言"完成互动，帮助人类主动对数据进行处理、分析，以获取人类希望能够得到的结果。因此，安防的智能化发展实际上也是由安防数据高效处理和有效利用的需求所推动的。

（二）智能化的社会环境要求安防智能化

安防不是一个独立王国，而是渗透在社会的各个角落，与所有人的日常生活融合在一起。同样的，风险也潜藏于人类生活的方方面面。要想做到对危险的敏锐感知，安防工作就必须要深入生活中，用大家能够听得懂的语言交流，用大家能够理解的思维方式互动，才有可能获取真实的信息，了解真实的诉求，第一时间关注到安全问题的苗头。

如今的社会，正在向着智能化的方向快速发展。在德国"工业4.0"，美国"先进制造伙伴计划"、中国"中国制造2025"等工业大国都着力推动制造业的智能化发展的同时，以大数据、云计算、人工智能等为代表的新一代信息技术已经开始在社会的各个层面得到了不同程度的应用。例如，大数据分析和人脸识别等技术在金融领域的应用、人工智能技术在医疗和社会保障领域的应用、人工智能技术在安防行业的应用等都已经找到了相对比较成熟的模式。除此以外，在农业、服务业等领域也开始找到一些落地的点，并且快速取得进展。

政府层面，人工智能相关技术的研发和推广应用也得到了各个大国的普遍重视。2016年10—12月，美国白宫科技政策办公室（OSTP）发布了《为人工智能的未来做好准备》《国家人工智能研究和发展战略计划》《人工智能、自动化与经济报告》3 份以人工智能为主题的报告，确定了人工智能的核心战略地位，并全面搭建了人工智能战略实施框架，明确政府职责，阐述了人工智能的发展及影响。2017 年 7 月，国务院印发《新一代人工智能发展规划》，推动人工智能的发展和产业应用，明确指出新一代人工智能发展分三步走的战略目标，到 2030 年使中国人工智能理论、技术与应用总体达到世界领先水平，成为世界主要人工智能创新中心。

2016 年日本政府制订了长期科技发展计划，提出了"社会 5.0"的概念，并把人工智能作为实现超智能社会的核心。日本将社会变迁的历史划分为狩猎时代、农业时代、工业时代、信息时代 4 个阶段，现在则要开始迈进以机器人和人工智能为基础的"5.0 社会"——超智能时代。超智能社会的定义可以概括为：能够精细地掌握全社会的各种需求，并能将相应的物品和服务在必要的时间以适当的方式提供给需要的人，从而让所有人都能享受快乐舒适生活的社会。在超智能社会中，各种旨在提升人们生活品质的机器人和人工智能将与人类共生，为人类多样化的需求提供个性化服务。

同时，超智能社会将是虚拟空间和现实世界高度融合的社会，对于风险的敏感程度更高。如果虚拟空间受到攻击，则很有可能会波及现实世界的安全，从而带来更为严重的破坏，甚至有可能危及国民经济和社会生活。当有一大部分人每天会花费至少 1/3 的时间在虚拟世界时，安防工作就必须要相应地对这部分时间实施有效地监控。当我们周边的各种仪器、设备都具备一定的思考能力，并且能够互相通信、达成协作时，安防工作就必须要有能力听懂机器的语言，看懂机器的动作。当我们的生活中出现越来越多的机器人，以各种不同的角色和我们和平共存的时候，安防就必须要了解每一个机器人的"想法"，关注机器人和人类之间的每一次互动、协作。因此，在未来智能化的社会中，智能化的安防服务将是维持社会稳定、经济发展的必然选择。

（三）安防需要"007"

这里的"007"指的不是那个著名的间谍詹姆斯·邦德，而是安防工作的时间要求。这个说法引申自互联网时代一些公司的工作时间安排被形象地称作是996，说的是每天的工作时间从早上 9 点到晚上 9 点，每周工作 6 天。因此，安防的"007"是指工作时间要从 0 点到第 2 天 0 点，每周 7 天。

能源革命让人类不需要再看太阳的脸色，不再遵循日出而作日落而息的规律。人类的活动可以不受时间的约束，从白天走向黑夜。24 小时不停歇地运转，已经是现代社会的常态。同样地，安全问题和事件的发生也覆盖了全天的每一个时间段，尤其以大部分人都休息的夜晚、假期等时间内发生的概率更高。这是安防工作一直以来的重要挑战。在人们最为放松、防范意识最差的夜晚，同时也是各种危险分子伺机出动行凶作恶的时间。因此，从安防需求的时间角度来看，"007"是必然的配置，也就是说一周 7 天，每 24 小时不停歇。理论上，夜晚应该配置更多的安防资源和力量。但这又和人类主流的生活方式有所背离，毕竟白天还是大多数人的主要活动时间，也是安防工作全面开展的主要时间。安防工作的主体力量配置实际上还是以白天为主。因此，如果要在夜晚配置和白天同样甚至更多的警力和资源，以保证和白天一样的效果，那就基本上要把一个社会的安防力量加倍配置。这是巨大的成本，并且效率还比较低。

既然无法通过简单地增加资源投入的方式来达到预期的效果。那我们就需要重新梳理现代社会发展给安防工作带来的挑战究竟是什么，然后再有针对性地设计解决方案。现代安防的挑战不是体现在监控方面，监控设备只要接通电源，并处于启动状态，就能比较有效地完成监控任务。只要电池电量没有耗尽，所有的传感器就都会处于持续工作的状态，不停地采集需要的数据。这些都是随着安防技术的发展而出现的能力，在能够大规模生产和部署视频监控摄像头之前，我们没有办法获取这部分的监控数据。监控摄像头就像是人类的另外一只眼睛，可以记录那些人类自己没有能力及时关注的现象和信息，为我们发现问题、寻找原因、跟踪目标、取证分析等提供了更多的素材，增加了更多的可能性。

而因为多了一只眼睛可以 24 小时不间断地观察并记录周围的生活，我们应对安全问题的方式也已经深刻地改变了。

现代安防的挑战主要在对于安全问题的应急响应方面，如对监控数据的分析、行动决策、指挥调度等在传统安全时代高度依赖人类完成的工作。在安防工作中，时间就是生命。应急过程中的每一秒都至关重要。"天下武功，唯快不破"，安防就是一场斗争，在应对和解决安全问题的道路上，只有比敌人快，才有机会赢得和敌人的斗争。首先，数据分析需要"007"。我们对监控数据的分析要及时，以便可以对潜在的威胁做出预测，并在最短的时间内发出预警，因而需要我们的数据分析工作要持续进行。这是单纯依靠人类的力量不可能完成的任务，必须要依靠人工智能技术自动对数据进行处理和分析，并实时向人类汇报结果，以辅助人类的决策。其次，行动决策需要"007"。一致的决策意见必然是基于对现实状况的统一认知。只有人工智能技术支持下的数据分析结果是绝对客观公正的，不带任何个人色彩和经验主义的影响，因此，也才有可能获得各个决策主体的统一认识。这些辅助决策的信息要在最短的时间内到达每一个需要参与决策的人，在特殊时刻这些人可能身处各地，无法在短时间内聚集在一处，这个时候大家能够基于统一的信息和对现状的客观判断就显得更加重要。而这些都需要一个具备分析、决策能力的人工智能系统提供实时响应，才有可能实现。最后，指挥调度需要"007"。安防应急的指挥需要调动公安、消防、医疗等多方面的资源，传统安防条件下，虽然也能完成这些资源的配置和调度，但是基于人力判断的解决方案无法做到时间、效率方面的最优化设计。一个随时待命的人工智能指挥调度系统，不仅能够实现在不同部门和团队之间高效共享情报信息，而且能够提供最优的协同工作方案，最大化分工合作过程中各个部门的效率和价值。

新的技术发展为安防创造了新的环境，也要求用新的模式来配合新技术和新产品的应用，以发挥其最大的价值。更多系统、设备等工具的使用，对于人类的角色也提出了新的要求和挑战，需要我们发展更多能够适应技术和工具的新工作模式。因此，人工智能技术在现代安防环境下具有极高的应用价值，能够充分发挥各种技术和产品的功能，使人机协同工作成为现实。

三、智能安防是智慧城市的核心要素

智慧城市建设的目标，一是要实现城市管理和服务的信息化和精细化，基本形成市政管理、人口管理、交通管理、公共安全、应急管理、社会诚信、市场监管、食品药品安全等社会管理领域的信息化体系；二是要实现生活环境宜居化，提高居民生活数字化水平，形成环境智能监测体系和污染在线防控体系；三是要实现基础设施智能化，使电力、燃气、交通、水务、物流等公用基础设施的智能化水平大幅提升，运行管理实现精准化、协同化、一体化。

经国务院同意，由发展改革委等八部委共同印发的《关于促进智慧城市健康发展的指导意见》指出，要建立全面设防、一体运作、精确定位、有效管控的社会治安防控体系。整合各类视频图像信息资源，推进公共安全视频联网应用。完善社会化、网络化、网格化的城乡公共安全保障体系，构建反应及时、恢复迅速、支援有力的应急保障体系。在食品药品、消费品安全、检验检疫等领域，建设完善具有溯源追查、社会监督等功能的市场监管信息服务体系，推进药品阳光采购。安防相关服务在智慧城市的顶层设计中居于重要位置。

从安防产业的发展角度来看，安防技术和产品正在越来越多地融入智慧城市的建设过程中，成为智慧城市的重要技术支撑和社会管理平台的重要组成部分，尤其是视频监控、出入口控制、防盗报警、楼宇对讲四大类设备将得到广泛应用。《中国安防行业"十三五"（2016—2020年）发展规划》指出，要积极参与和服务智慧城市建设，在推动和提升传统安防行业应用的同时，重点拓展在智慧交通、智慧医疗、智慧教育、智能建筑、智慧物流、智慧园区等各行业领域的应用；积极参与智慧城市综合信息平台的建设，在发展完善平安城市管理平台的基础上，实现安防系统与城市管理及服务系统的整合，促进社会管理和服务的精准化、协同化、一体化；积极参与智慧城市运营服务，探索"保障和改善民生、创新社会管理"的商业服务模式。

从实践角度看，"智慧城市"建设与安防产业的发展互相促进、相辅相成。一方面，"智慧城市"的建设给安防行业发展拓展了更大的发展空间；另一方面，安防产业的发展为"智慧城市"建设提供了有力的技术、产品支持，打造了可靠的基础。

毫无疑问，在智慧城市的建设过程中，由视频监控摄像头组成的"城市之眼"将会扮演非常重要的角色。但没有智能化的监控摄像头及以视频监控为主体的安防系统，将仅仅会成为一个城市的数据采集器，而不是感知城市脉搏的神经系统，无法真正成为智慧城市的一个有机组成部分。安全是城市运营中各个职能部门都普遍关注的通用需求，是打通和连接城市运营、管理各个环节的天然纽带。软硬件共同组成的安防系统将会成为一个城市生命体最鲜活的体征记录仪，成为一个城市的数字化版本的运转基础。但只有被人工智能技术武装的智能安防系统才有可能真正融入智慧城市的建设和运营当中，成为一个城市的数字视网膜，成为一个城市数字中台的核心，成为数字孪生城市运行的关键基础。

（一）智能安防将成为城市视网膜系统的关键

"数字视网膜"是高文院士针对当前智慧城市建设过程中出现的一些瓶颈问题而提出的一个创新的思路。传统的智慧城市建设中的视频监控系统是按照数据存储为核心的思路来设计的。常规的流程是摄像头拍摄图像并编码，数据传到云端后进行解码，解码后再进行特征提取、分析等工作。这个过程中会出现存储难、检索难、识别难3个方面的问题和挑战。存储难主要体现在监控视频的数据量巨大，存储成本极高，同时在摄像头和云端之间进行数据传输的带宽成本也很高。为了有效控制成本，只能尽可能地对视频进行压缩。而压缩会带来数据的丢失，给监控数据后续的利用价值带来了负面影响。检索难主要体现在大量的视频数据汇集在云端，人力已经无法完成检索的任务，只能寄希望于人工智能算法。但这种数据高度汇集之后的检索对于算法本身的要求也很高，再加上压缩给视频数据造成的损失也加大了有效检索的难度。最后，这种先记录再存储后处理的方式，也给关键信息的识别带来了挑战，一个摄像头记录的信息，在另一个摄像头录制的视频中不一定能够匹配得上。这些问题不是一个集中式的城市大脑可以解决的。人类的视觉系统将这些问题解决得很好，主要原因就是人类除了拥有能够看东西的眼球和会分析思考的大脑以外，还有一个视网膜系统。我们的大脑接收到的信息并不是眼睛直接观察到的物理世界的真实反映，而是经过视网膜处理之后的特征信息。视网膜实际上扮演了眼睛和大脑之间翻译器的角色。

那么，高文院士提出的数字视网膜解决方案就是，在摄像头端增加智能识别功能，完成特征提取，在将以存储为目的的数据传输到云端的同时，将具备直接识别和分析条件的特征值也传到云端，以便在云端可以快速完成识别和分析，大大提高效率。本质上，高文院士关注的还是云、边、端的智能分工问题，就是智能算法部署在什么位置，完成什么任务，再整合起来成为一个更加高效的智能系统。而这实际上就是智能安防在视频监控领域要解决的问题。一个智慧城市能不能拥有数字视网膜，很大程度上要取决于安防监控摄像头的智能化进程。要么是将普通摄像头全部更换为新的智能摄像头，全面完成换代；要么是通过增加边缘设备的方式使普通摄像头采集的数据能在边缘端完成初步的处理和识别，变相地把普通摄像头智能化。无论采取哪种方式，有一点可以肯定的是，安防的智能化进程将成为构造城市的数字视网膜、建设智慧城市的关键。

（二）智能安防将是城市数字中台的核心部分

数字中台是智慧城市运营的中枢环节，是所有城市运行数据汇集、统一、交互的关键。智慧城市的数字中台建设有两种不同的思路：一种是通过建设一个超级大脑，通过集中式的大系统来完成数据的标准化、互相调用等功能，为上层的各种应用提供支持；另一种是通过建设分布式的数字中台来实现模块化的功能，在共享技术、数据、接口和标准的前提下，建设包括人工智能技术中台、应用中台、数据中台等，共同为智慧城市的运行提供支持。无论一个城市的数字中台是集中式的还是分布式的，是大系统还是微服务，安防都将是城市数字中台的核心。一方面，安全是一个城市运行过程中最基本的要求。安防的任务属性决定了其应该拥有调用一个城市全部数据的权限，而城市的其他管理和服务职能则只有部分数据的权限。从数据权限的角度，智能安防应该成为构建数字中台的核心，成为打通各个环节数据的抓手或者连接各部分数据的纽带。另一方面，无论一个城市管理系统如何智能，城市的核心功能还是为那些居于其中的人提供服务。是人的活动让一个城市具有了生命，因此，智慧城市的设计和管理也应该是以人为本，围绕人的活动展开的。人的活动数据是一个智慧城市运行的核心所在，而安防关注并采集的恰恰正是人的行为和轨迹等活动数据。

如果说数据是智慧城市这样一个生命体中流动的血液的话，那么安防数据就是其中的血细胞。就像血细胞的新陈代谢，安防数据也在不断地更新、替代的过程中，表征着一个城市的健康水平。

第五章

应用场景要求安防智能化

安防的目标是最大限度地保障人民群众的生命、财产安全。为了这个目标的达成，安防工作越早介入安全问题的发生发展过程越好。如果把这个过程分为事前、事中、事后三段的话，那我们的工作重心就应该从救援、侦破、善后等事后工作向应急、控制、指挥等事中处置和预测、预警等事前防范转移。这个转移单靠人力已经无法完成，需要以人工智能、大数据、云计算、区块链等新技术的应用来驱动。

在社会治安、防暴反恐、灾害应急、食品安全等公共服务领域，通过人工智能的应用可以对社会安全运行的态势做出相对准确的感知和预测。例如，人工智能已应用于案件的侦破过程，通过广泛分布的安防监控摄像采集的数据，应用人脸识别等智能感知技术，可以及时发现异常、锁定嫌疑人员，为警方破案提供重要线索。在美国，多地警方通过部署人工智能警务风险评估软件，通过对历史犯罪数据的分析，有效预测哪些犯罪高发区域更有可能出现新的问题，从而将犯罪活动扼杀在萌芽状态。2017年国庆期间，公安部门在北京天安门广场采用动态人像布控和识别技术，一共90余次触发报警，在60多次人工盘查的情况下，准确命中各类嫌疑对象50多人。在灾害应急领域，人工智能技术也在灾情分析、处置，降低人员生命和财产损失方面开始发挥重要的作用。通过对灾区航拍影响的高效处理和分析，可以对救援人员实时提供灾情和风险评估，并基于数据分析对救援计划提供优化建议，不但能够减少受灾地区和群众的损失，也能最大限度地降低救援人员的风险。在日本，消防厅主导推动的由小型无人机、侦查机器人、灭火机器人等组成的"机器人消防队"已经开始实际发挥作用。美国国家航空航天局（NASA）也推出了用于消防作业的 AI 系统 Audrey，可以通过消防员随身携带的穿戴式传感器，准确获取火场位置、温度、着火材料及卫星图像等多维信息，并通过机器学习算法对火情和风险做出分析评估，指导消防员的实际行动。[①]

　　总体来看，人工智能已经在安防领域找到了一些应用场景，但从应用的深度和广度来看，人工智能技术在公共安全服务领域还处在相对早期的阶段，还需要结合不同的安防场景继续深入挖掘这些新技术的潜力，使其能够更好地发挥作用，服务于各个领域的安防工作。

　　安防的需求从影响范围的角度可以分为个人安全、群体安全两种，从应对方式的角度可以分为主动安全、被动安全两种。所有的主动安全行为，无论是个人通过合理饮食、适度运动保持良好的身体状态，以提升应对风险的能力，还是培养良好的生活、行为习惯，尽量远离风险高发的情境，或者一个群体着力提供安全教育，培养安全文化，都高度依赖于自身的意识提升，很难为外力所改变。安防更多是指以独立第三方的形式向目标对象提供被动的安全服务。在一些特殊情况下，个体也会有独立的被动安全服务需求，如一些特殊人物通过雇佣私人保镖的方式来保障自身的安全。当然，雇佣的行为是主动的，但站在个体的位置，从对风险的分析判断和应对角度看，这种情况下对安全问题的防控其实是被动的（图 5-1）。

---

① 中国信息通信研究院，中国人工智能产业发展联盟．人工智能发展白皮书：产业应用篇（2018年）[R]．2018：36-38．

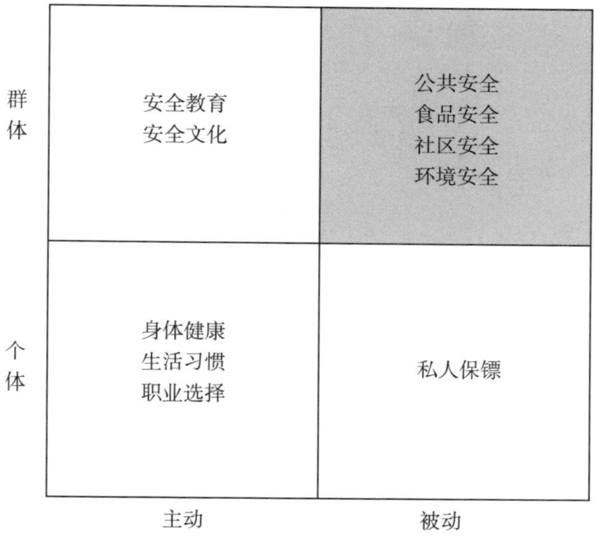

	主动	被动
群体	安全教育 安全文化	公共安全 食品安全 社区安全 环境安全
个体	身体健康 生活习惯 职业选择	私人保镖

图 5-1 不同安防需求的应用场景

因此，智能安防的应用场景主要是面向群体的被动安全需求，按照其影响范围和人群的大小，可以分为社区安全、食品安全、环境安全3个主要的细分场景。这样分类的依据主要是考虑该场景是否有可以相对明确划定的物理边界。社区安全指的是那些具有相对明确边界的场景，如校园、医院、工厂、监狱、博物馆等依托于独立物理建筑的空间，或者车站、机场、港口等公共场所；食品安全问题是一个链条，影响的范围很难用物理边界来分割，通常出现食品安全问题时，波及的都是一个面；而环境安全问题的波及范围通常都非常广，如地震、海啸、台风等自然灾害或者森林火灾、空气污染等人为灾难，其影响范围基本上都不能以我们常规的行政或者土地边界来划分。边界特性的不同，会使得各个场景对于安防工作的要求都不尽相同，尤其是新科技在其中发挥作用的方式更需要根据各场景的特性和目标要求区别设计。

一、社区安全

这里的社区不是特指居民小区或者街道等一般意义上的社区，而是对那些具备相对明确物理边界的空间、场所的统称，在这种有相对明确物理边界的空间内出现的安全问题都归类为社区安全问题。人类大多数的群体活动都是在这种有物理边界的空间中完成的。2014年3月1日，造成29人死亡、143人受伤的恐怖袭击案件就发生在昆明火车站。2013年9月21日上午，一伙不明身份的武装人员袭击了肯尼亚首都内罗毕韦斯特盖特购物中心，造成240人伤亡。美国更是隔三岔五就会出现一起发生在校园的枪击案件。所以，社区是大部分针对人群的安全问题发生的主要场景，也是安防的重点场景。

基于社区有物理边界这一特性，社区安防场景可以分为边界控制，也即卡口控制和内部空间监控两个部分。人工智能技术在这两个部分都能够发挥重要的作用。智能化的卡口管理通过人脸识别、声纹识别等生物特征识别技术的应用替代传统的人工识别的模式，能够有效提高对非合格人员的分辨能力，避免危险源进入社区内部。对于一些需要付费购票才能进入的场所，如博物馆、音乐厅等，如果我们是通过微信支付或者支付宝这样的电子支付手段完成的支付，那么我们的身份信息事实上也已经被对方获取了。尽管仍旧要依赖手机等移动设备，但新的移动支付手段已经能够在完成支付的同时记录来人的身份信息。等到将来人脸识别支付的方式得到普及，那在这种需要付费的卡口场景下，身份认证和费用支付就完全合二为一，并且可以通过一种高度自然的方式进行，这是过去无法想象的。对于一些需要进行身份确认的社区卡口，如机场、车站、学校、监狱等，通过多重生物特征识别技术和标签识别的综合应用，卡口控制的能力相较过去单一的身份认证技术会大为增强，效率和效果都会有明显的提升。空间内部监控则主要是通过步态、声音等识别技术提前发现异常行为，或者是人群短时快速聚集等类似的异常活动，从而对可能出现的安全问题做出预测，并在此基础上对人群进行预警。

一旦真的发生了安全事件，我们可以在第一时间对社区的物理边界进行封锁。一方面，有效控制该安全事件的影响范围，避免扩散到社区以外更大的区域；另一方面，可以及时锁定造成安全问题的嫌疑人，控制社区的相关出入口，防止其逃离。在未来智能技术更加成熟、应用更加深入的时候，边界封锁的动作将会在人工智能的决策下自动执行。同时，智能系统还能够在人员疏散、救援指挥等过程中，结合社区周边更大范围内的相关数据，给出最优化的方案和路线规划，并协助人类完成资源调配和应急指挥。

（一）校园

校园安防近年来发展较快，防闯入、防伤害、防劫持是重点。校园出入口的人脸识别，以及对接送人员的身份确认等是学校安防工作的特色之处。另外，校园内部的异常活动监控也是重点工作之一。

（二）文体场馆

文化馆、博物馆、音乐厅、剧场、体育场馆是一类人群临时聚集、长时间停留，以流动人员为主的场所，其防范重点为防破坏、防盗窃，以及应对暴恐、群体性突发事件等。因此，这类空间未来安防智能化的重点在于对进入人群的身份辨认，以及对进入者在空间内部的行为和活动轨迹的监控，和对异常行为、异常活动的预警等。

（三）企业及园区

企业及园区的安防是比较新的领域，但需求较为旺盛，近年来获得了较快的发展。其安防应用的需求非常广泛，除了进行一般的防入侵、防盗窃、防破坏之外，还有生产安全、消防、应急指挥等。因此，需要在卡口控制的基础上，联合应用包括机器人、无人机、周界防护、电子巡查等多种方式，以人工智能监控、预警平台为中心，结合企业的 EHS 管理工作，共同促进企业或园区的安全防范工作。

（四）医院

医院是近几年安防应用发展较快的领域之一。除了作为一个重点的安防社区场景，需要在卡口和空间内部两个角度计划并实施可操作的安防工程以外，还需要在传染病的隔离控制、医疗器材及废弃物的处理处置、医患关系的处理等方面加强管理。同时，医院作为最重要的事故救援实施单位，其120急救车管理系统、移动救治系统等应急救助救援功能也很关键。

（五）监狱

监狱、看守所等是最高防范级别的单位，需要采取立体化全方位安全防范技术手段。高清智能监控摄像、生物特征识别、专用门禁、现代实体防护设备等都是重要的安防工作内容。

（六）机场及车站

机场、车站、港口等作为半开放的社区场景，是一个城市的出入口，是流动人口高度聚集的场所。这类场景的重点是人员身份的确认、危险物品的识别及反恐防爆等几个方面。人工智能技术的应用在这几个方面都会极大地提高识别的准确度和效率，尤其是远程识别技术的应用，可以无死角地对空间内的人群实施不间断的监控。

二、食品安全

"民以食为天，食以安为先"。

食品安全是头等大事。吃得饱这个基本要求对于大多数人来说已经不是问题，人们关注更多的是如何吃得安全、吃得健康。2008年，对于很多年轻的家长和他们的婴儿来说是令人难过且难忘的一年。很多婴儿由于食用了三鹿集团生产的奶粉而出现肾结石的症状，原因后来被证实是由于三鹿奶粉中添加了工业原料三聚氰胺。随后，在蒙牛、伊利等20多家奶粉企业的产品中检出了三聚氰胺，舆论一片哗然。这一事件最终导致超过5万名婴儿不同程度受影响，其中4人死亡。三鹿集团时任董事长田文华被判处无期徒刑。从政府官员到企业职工、涉事奶农等，数百人被撤职、降职、判刑。时任国家质检总局局长李长江因此事引咎辞职。同时，三聚氰胺事件更让老百姓"谈奶色变"，严重打击了大家消费奶制品的信心，2011年中央电视台的《每周质量报告》栏目调查发现，仍有七成中国民众不敢买国产奶。2011 年 4 月 6 日，政府发布《关于三聚氰胺在食品中的限量值的公告》，明确三聚氰胺不是食品原料，也不是食品添加剂，禁止人为添加到食品中。

　　毒奶粉事件不是孤例，在此之前还有震惊全国上下的"苏丹红事件"，还有跟我们每一个人的日常生活都息息相关的地沟油、蔬菜水果的农残、重金属残留、有毒有害添加剂等诸多问题。任何一个食品安全事件都会对成千上万人的生活造成影响，给受害者带来的生理和心理的伤害，往往需要很多年才能平复，甚至跟随其一生。

　　食品安全也是头等难事。食品行业的产业链长，从种养殖开始的食材准备，经过生产、储存、运输、加工、销售等多个环节，食品才能最终到达消费者的手中。这个过程通常都需要多人参与、跨地区流通。尤其是在城市化率越来越高的现代社会，食品生产和消费分离的状况更为严重。同时，食品行业的风险点很多，产业链的每一个环节都有可能出现程度不同的安全问题，食材的各种残留问题，生产、加工环节的非法添加问题，食品变异、变质问题，以及贯穿全过程的卫生、污染问题等，样样都不能小视。另外，食品行业的市场结构分散且复杂，既有大型专业化食品企业，也有普通农民、小商小贩、路边小吃，流通环节既有大型超市、批发市场，也有路边摊、小菜店；从业人员的能力和素质参差不齐，管理难度大。所有这些都给食品安全问题的解决带来了巨大的挑战。

　　为了保障食品安全，国家已经专门立法，并且出台了各种政府规章、制度，成立专门的政府部门，包括对食品从业人员的资质化管理、对食品生产流通企业的牌照管理等，强化对食品产、供、销全过程的管控。但实际上，还是会有很多的漏洞，还是会出现很多意想不到的问题。利益驱使下，还是会有人铤而走险，不断挑战底线。三鹿奶粉事件过去多年以后，2014 年广东省还查处了一起生产、销售含有"三聚氰胺"的酸奶片糖的案件。在新科技迅猛发展的今天，食品安全问题的应对和解决也需要新技术的深度参与，创新监管模式，通过全过程的数字化管理和全生命周期的可追溯系统，让每一粒入口之物都有迹可循，进而构建一个健康、安全的食品产业新生态（图5-2）。

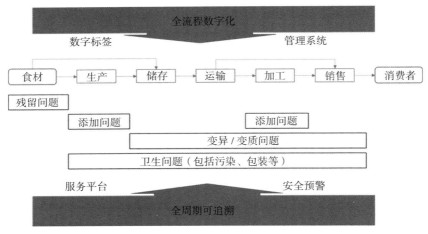

图5-2　食品安全的智能化

（一）全流程数字化

只有数字化，让所有的食品、原材料、人、设备都拥有自己的数字标签，进入各个环节的管理系统中，才能让食品的整个产业链成为一个可视、可控的链条。生产环节、加工环节都可以通过在视频监控应用人脸识别和机器视觉技术，实时掌握人员的操作规范执行情况、卫生管理情况等，保证这些环节不出现严重的安全问题。存储、运输环节则通过人工智能技术，确保食品不受损害，尤其是防盗抢。同时还能对运输和存储条件实施采集、跟踪，保证食品在适当的温度、湿度等环境条件下被存放。检验检测环节广泛应用机器视觉技术，对瑕疵产品、变质产品等高效识别，并分类处置。零售环节则利用数字质量控制系统，对产品的保质期、存放条件等实时监测，在超期、违规等情况出现时，及时预警。

（二）全周期可追溯

食品的全生命周期可追溯主要可以分为产品可追溯、人员可追溯、设备可追溯3个方面。追溯一方面是为了出现安全问题之后快速定位问题源，确定责任人，从而促进安全问题的解决；另一方面也是为了能在掌握更多数据的基础上，对可能出现的食品安全问题进行分析、预测、预警。追溯的重点在于人员的信用管理和物品的真实状态记录，要能随时还原食品生命周期中每一个节点的真实情况。区块链技术对于食品全生命周期可追溯能够发挥重要的作用，能够保证整个周期中每一个细节都被真实记录，且不被篡改。

基于食品产业链的全流程数字化和全生命周期可追溯工作的支撑，一个面向政府、企业、公众等各个利益相关方的食品安全预测预警平台能够广泛采集相关数据，并利用人工智能算法进行深入挖掘、分析，提前预知食品安全问题的发生和潜在的影响，通过预警、召回、限制流通等多元化管控措施，最大限度地降低食品安全事件的发生概率和由其带来的损失。

三、环境安全

这里的环境指的是人类生存的自然环境。环境安全问题主要是那些由不可抗力导致的自然灾害等对人类的生产生活有直接威胁的事件。"自然灾害"是人类赖以生存的自然界出现的一些异常现象。自然灾害对人类社会所造成的危害往往是极其巨大的，让人触目惊心的。自然灾害既包括地震、火山爆发、泥石流、海啸、台风、洪水等突发性灾害，也包括地面沉降、土地沙漠化、干旱、海岸线变化等经过长时间积累后逐渐显现的渐变性灾害，还包括臭氧层变化、水体污染、水土流失、酸雨等人类活动导致的环境灾害。其中，以地震、台风、海啸、泥石流、森林火灾、洪水等较为常见，并且以具有极大破坏力的灾难为最主要。

由自然灾害所引发的安全问题的一个共性特点是，在灾难发生过程中，其爆发出来的能量常常超出人类的应对范围，几乎没有能力对其施加影响。同时，往往这些大型的灾难又都会伴随着较为明显的次生灾难，给人类造成又一轮的伤害。因此，从安全防范的角度考虑，对于环境安全问题，着力点应该在于灾难发生前的预测、预警，以及灾难发生后的疏散、救援和对次生灾害的预防、控制等几个方面。其中，灾害的预测和预警尤为重要。

（一）灾害预测

对于自然灾害的预防而言，最有价值的工作应该就是对灾害的预测，以及建立在准确预测基础上的灾害预警。多年来，各国政府和企业都投入了大量的人力、物力来研究各种灾害预测预防的技术。国务院在关于加强地质灾害防治工作的决定中，也提出"到 2020 年要全面建成地质灾害调查评价体系、监测预警体系、防治体系和应急体系"的地质灾害防治目标。然而，由于自然灾害的成因复杂，再加上我们对地球内部结构和活动规律的认知还处于非常初级的水平，所以到目前为止基本上没有非常可靠的预测理论和技术手段。但各方面逐步建立了一个基本的共识，那就是通过布设大量的传感器监测地质环境的数据，然后基于机器学习算法，构建并训练灾害预测的模型，将是一条可能取得不错效果的路径。例如，IBM 的一组计算机科学家和奥斯汀大学、纽约大学的研究人员合作，收集来自全球的地表传感器信息，建立了一个用于预测地震的数学模型。另外一个研究团队则开始尝试使用机器学习技术预测地震，通过分析地层声学数据来预测地震发生的时间，并且成功地达到预计的实验效果。更为重要的是，这个预测方法完全基于声学信号的瞬时物理特性，并没有使用历史数据。

当然，尽管方向可能是正确的，但机器学习算法还需要持续优化，模型也需要更多的数据来"喂养"才可能达到可以真正实战的水平。另外，鉴于自然灾害数据量之大超乎想象，在利用这些数据进行灾害预测时，对于算力的要求非常之高。IBM 在训练地震模型时就利用了其超级计算机"红杉"才勉强达到计算的要求。而且和监控视频的数据特性类似，地质环境的监测数据其实大部分都是无用的冷数据，这些数据的存储、处理和分析都需要有超强的计算能力支持。

无论如何，人工智能技术的发展，让我们在灾害预测方面找到了一线微光，前路也许不会一帆风顺，但正因为其难度很高，才给人工智能提供了广阔的舞台。就算我们在可预期的时间内，还做不到准确地对各种自然灾害做出预测，但至少在人工智能的帮助下，我们能够提高科学应对灾害和减少损失的能力。

（二）灾害救援

应急救援是我们面对灾难时的另一个重要内容。救援能力的高低直接决定了我们是否能够控制并降低灾难带来的影响。传统的完全依靠人力实施救援的模式主要存在以下几个方面的问题：①难以实时把握灾难现场的情况；②救援人员难以在第一时间进入灾难核心地带实施救援；③救援工作的指挥和资源调度效率难以提高。这几个问题使得我们在灾难面前往往处于非常被动的局面，亟须通过新技术的应用来予以改善。

从灾难救援的目标来看，主要有两个方面：一方面是最大限度地营救受灾受困人员，降低他们的生命和财产损失；另一方面是最大限度地保障救援人员的生命安全，降低灾难的二次影响。这些都需要建立在对灾难现场的真实状况有准确及时了解的基础上。目前，各种专用的无人飞行器已经能够在第一时间进入灾难现场上空，拍摄并无线回传现场的实时高清图像。人工智能算法对这些图像进行处理和分析，对灾难的影响做出准确的评估，并对后续可能的发展走势做出预测，从而辅助于下一步的救援决策。这个工作需要大量数据在无人机、云端、现场指挥系统等之间进行频繁传输，对于通信系统是一个重大的考验，但5G技术的发展和应用将会提供近乎完美的支持。在了解灾难现场实时情况的基础上，救援人员和装备就可以进入现场对受灾受困人员实施救援。这个时候，各种专门设计的灾难救援机器人就该登场了。辅助挖掘、清障的机器人能够轻松将石块、倒塌的建筑物部件等移走；机器蟑螂、机器老鼠等仿生机器人可以进入救援人员无法抵达的狭小空间、被掩埋的地下空间等搜索生命迹象；还有一些研究团队在探索通过视频的方式拍摄墙壁内部的结构和组织情况，以色列的一个团队的产品已经可以直接连接手机进行这种透视操作。当前这种技术还处在样机阶段，但这种具有透视功能的系统一旦成熟，就有可能完全改变灾难现场的救援方式。最后，灾难发生时，和救援需求相比，能够调动的人力和资源一定是有限的。那么对各种资源进行高效组织的意义就非常重大。一个基于人工智能算法的应急救援管理指挥平台，不仅能够高效整合灾难现场的相关信息，辅助人类做出最优的指挥决策，同时还能无缝对接外部救援资源，和各个救援职能团队，保证一线的救援工作处于最高效运作状态。

（三）次生灾害防治

等级高、强度大的自然灾害发生以后，常常会诱发一连串的其他灾害接连发生，这种现象叫灾害链。灾害链中最早发生的灾害称为原生灾害；而由原生灾害所引发的灾害则称为次生灾害。例如，地震次生灾害主要有：火灾、水灾（海啸、水库垮坝等），传染性疾病（如瘟疫），毒气泄漏与扩散（含放射性物质），其他自然灾害（滑坡、泥石流），停产（含文化、教育事业），生命线工程被破坏（通信、交通、供水、供电等），社会动乱（大规模逃亡、抢劫）等。2011 年 3 月 11 日，日本发生了最大震级达 9.0 级的大地震，地震引发了海啸，并导致福岛核电站核泄漏。一连串的灾难之后，福岛县城几乎成了一座死城。①

过去，依靠人类智能我们完全无法对一次灾难之后和可能发生的次生灾害之间的关系有合理的判断，因此，也无法对次生灾害做出任何反应，只能听天由命，或者当成一个个独立的事件来应对。实际上，一次灾难和次生灾害之间有着较为确定的因果关系，通过对一次灾难和相关数据的分析，理论上我们可以依托人工智能算法模型，对各种可能出现的二次灾害进行模拟、仿真，并根据实时的数据快速进行调整、优化，指导灾后的救援工作，妥善安置受灾人员，避免遭受次生灾害的影响。

---

① https://baike.baidu.com/item/.

　　应用场景就是技术的用武之地，也是技术得以持续发展进步的力量源泉。安防的智能化既是人工智能、大数据、云计算、区块链等新兴技术发展使然，更为人类社会发展至今，对于安全防范的需求场景不断升级、颗粒度越来越精细的趋势所驱动。无论是技术驱动还是需求拉动，可以肯定的是，安防行业的发展让人工智能技术生逢其时，而人工智能相关技术的发展也让安防行业升级有道。二者互为因果，相辅相成，共同推动着人类社会向更加安全、更加和谐的方向前行。

第三部分

智能安防的实现

随着人工智能技术的成熟，并与产业应用的场景深度结合，每一个行业都必然会向智能化发展。而各个行业都有其自身独特的属性，因此，智能化的发展过程一定不会相同。但是，传统行业的智能化是建立在算力、算法和数据三者共同作用之下的综合应用，不同行业智能化的发展路径在逻辑上又具有很强的共性特征。以工业领域为例，以智能化为核心的第四次工业革命所带来的颠覆性变革，并非一夜之间突然出现的，这个过程既有赖于人工智能技术的成熟，更取决于工业领域经过200多年的漫长发展所具备的基础。从第一次工业革命开始，工业走过了机械化、电气化、自动化、信息化、数字化、网络化等多个发展阶段，一步一个台阶，才走到最后万事俱备，只欠人工智能技术东风的状态。如果没有前期的基础，那么工业智能化就是无本之木、无源之水。安防行业智能化的发展逻辑也是一样，必须要建立在产业前期发展的基础之上。

第六章 ◉ · · ·

安防智能化的路线图

一、安防智能化的基础条件

和工业的发展不同的是，安防行业从一开始就是以服务为中心的，是从围绕安防服务的技术和产品应用扩展而来。因此，安防行业智能化的关键不在于安防产品的制造过程，而在于产品本身的智能化和应用模式的智能化。以视频监控为例，安防产品经历了从模拟产品到数字产品、网络产品的进化，下一步将是在数字化、网络化基础上的智能化。如果把智能安防比作一个人，那么人工智能算法就是人的大脑，负责分析、判断、决策；安防终端产品就是人的感觉器官。例如，监控摄像头就像是人的眼睛，用来采集数据并做出反馈；而网络就像是人的神经系统，用来传递各种信号，保证数据能够顺畅地流动，指令能够及时传递。那么，要想让人工智能算法发挥作用，就有两个必要的条件：第一个是前端设备能够采集到人工智能算法能够识别和处理的数据，或者说这些设备必须首先完成数字化升级，其所记录的信息必须是数字化的；第二个条件是这些信息能够从眼睛传递到大脑，以便算法分析。那就要求这些终端设备必须能够联网，为信息的传送提供一个便捷、高效的通道。而在应用模式方面，首先要把安防行业的管理建立在信息系统的基础上，人要依靠系统采集的数据做决策，要通过系统发出指令，来控制执行指令的安防人员或者机器设备。只有在信息化的基础上，人工智能技术的应用才有土壤。总之，在安防行业智能化发展的进程中，数字化是基础，模拟系统必然要被淘汰。网络化是必须，唯有如此，数据才能够方便地传输，才能谈到智能算法的应用。信息化是前提，是人工智能技术应用于安防服务的必要环境条件，安防智能化的基础条件有3个：产品数字化、连接网络化、管理信息化。

（一）产品数字化

经过十几年的快速发展，我国安防行业的主要产品中，数字产品的普及度已经非常高。当然，也有一部分模拟时代的产品仍然在用，但新生产、销售的产品已经几乎都是数字产品。不同类型安防产品的数字化程度也有较大差别，视频监控摄像头是安防产业的主要产品，其新产品的数字化比例已经非常高。卡口验证设备也基本实现数字化了。相对而言，监测、检测设备的数字化比例要小一些，但在新一代数字技术的推动下，也在快速普及数字产品。

（二）连接网络化

只有联网之后，安防产品获取的数据才能流动、共享，人工智能技术才能发挥价值。目前阶段，安防产品的联网比例还不算太高，一方面受制于安防产品本身的数字化产品占比仍然还在不断提高的过程中；另一方面，联网之后能够产生的额外价值不好衡量，运营模式不清楚也制约了安防产品联网的热情。但这些都是过去式了，未来所有的安防产品都一定会接入网络。新产品自不必多言，旧的产品也会通过增加通信模块的方式完成网络化改造。一是物联网相关技术的发展和产品的规模化应用，快速拉低了成本。二是接入网络之后，数据孤岛被打破，数据共享带来的额外价值越来越被重视。

（三）管理信息化

数字安防产品的应用实际上已经促使行业的数据管理基本实现了系统化管理。只是现存的安防信息系统仍然以面向单个设备的单机系统，或者面向一个特定机构的小型管理系统为主，但核心逻辑还是围绕产品展开的。安防行业的管理还处在较为传统的阶段，围绕管理的信息系统的普及程度还比较低，应用水平也比较差，整体的信息化水平还有待提高。真正面向一个区域或者一个行业的平台管理系统还处在发展的早期。但是，在我国大力推动平安城市、天网工程、雪亮工程等安防相关项目的背景下，综合性安防管理平台的发展速度非常快。应该说，如果从信息系统建设的角度看，安防智能化的基础还是不错的，但从人工智能技术真正应用的角度看，还需要更多的积累，当然这也是智能安防发展的机遇。

二、安防智能化的主要挑战

智能化虽好，但智能化的道路并不会一帆风顺。安防的智能化仍旧要克服诸多的挑战，才能完成凤凰涅槃式的蜕变。其中，智能安防的高成本、对人思维模式的挑战、人与组织的保障要求等都是制约安防智能化快速落地实施的主要问题。

（一）智能化的成本还很高

安防智能化带来的额外成本主要有产品本身的成本、计算成本、布点成本等几个方面。安防设备产品由于要增加智能模块，包括人工智能芯片、通信模块等，很自然会导致产品的成本增加。同时，人工智能技术的应用往往需要特定的场景条件支持。例如，人脸识别，按照当前主流人脸识别水平，公安部发布了 GB/T 35678—2017《公共安全　人脸识别应用图像技术要求》，规定公共安全人脸识别应用中人脸图像的详细技术要求。这些要求的实施大幅缩减了人脸识别技术的可应用空间，同时极大地提高了摄像头布点和施工的难度。由此导致的实施难度提高和成本增加也构成了阻碍人工智能技术应用的重要因素。另外，由于对数据的处理能力的要求大为提高，人工智能的应用还带来了计算力的特别要求，无论是设备本地计算所带来的硬件成本的增加，还是在边缘端或云端计算带来的算力成本，都有不同程度的增加。同时，数据处理的成本及数据在云与端之间传递所需要的通信带宽成本都有显著增加。

通过一个案例的对比，我们能更清楚地知道智能安防与传统安防之间的成本差异（图 6-1）。假设分别建设 1000 路的高清安防监控系统和 1000 路高清 AI 人脸识别系统，从两种方案的建设成本对比来看，我们可以发现，前端产品部分，智能安防产品的成本是传统安防产品成本的两倍多。另外，智能安防对于数据存储的要求要远高于传统安防，成本相比也会增加 86%。最后，智能安防还多出来接口服务、视图分析、数据研判等几个额外的功能要求，导致最后的总体成本高出 73 个百分点，成本增加明显（注：各部分设备费用包含安装施工等人力成本）[1]。

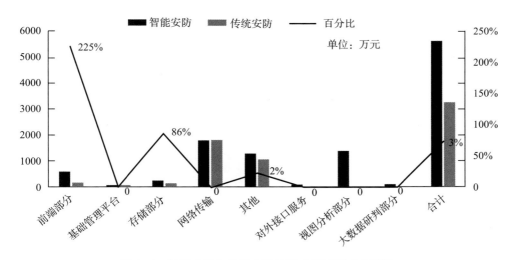

图 6-1　智能安防与传统安防两种方案建设成本对比

数据来源：《安防 +AI 人工智能工程化白皮书》。

---

[1]　中国科学院自动化研究所，宇视研究院．安防 +AI 人工智能工程化白皮书 [R]．2018：25-26．

（二）人工智能技术的成熟度不足

成本固然很重要，但是有句俗话说得好"能用钱解决的问题，都不是问题"。阻碍安防智能化发展的绝不仅仅是成本。如果智能化的效果能够得到很好的呈现，价值能很好地体现，那为智能化买单也不应该是很大的问题。但实际上，人工智能算法对应用场景的要求非常高，算法的泛化能力很弱，在某一场景下训练的算法很难在另外的场景下发挥同样的效果，性能往往会明显下降。目前阶段，人工智能技术的应用深度也不够，能够解决的问题比较有限，主要是卡口场景下的人证比对、人脸识别等，开放场景下获取的非结构化、半结构化数据的利用能力还比较弱，距离预测、预警等理想情境还有很大的差距。因此，由于人工智能技术成熟度问题而导致应用效果差强人意，也是造成安防智能化发展动力不足的原因之一。

（三）对人与组织的保障要求高

人工智能技术的应用会在很大程度上改变安防工作的运营模式。这将会给安全服务机构的人员能力和组织水平带来很大的挑战。一方面，由于人工智能技术的介入，人在安防工作中扮演的角色必然将会有所改变。大量的重复性劳动会被机器替代。另一方面，随着人工智能和大数据的结合，安防工作的决策机制也会相应改变，更加看重数据的支持而非经验判断。如何很好地与具备智慧能力的机器协同工作，是每一个安防从业者都需要积极思考并面对的问题，同时，也是在人力层面，对智能化进程产生影响的重要因素。

相比对每个个体的考验，智能化对组织和机制的挑战还要更大。人工智能技术在不同环节的应用必然会对现有的工作流程形成冲击，对应的利益分配机制、责任分担模式和激励机制都会改变，组织结构也需要做出相应的调整。组织结构、治理机制等将是新的技术、模式、理念付诸实践的基础保障，更是保证一个组织能够长期平稳运转的关键。面对人工智能技术应用的普及，数据将会成为安防工作的核心。围绕安防数据的采集、处理、利用等整个链条，需要重新梳理和调整不同部门之间的互动模式，以及与内外部资源的合作方式，既要保证数据的价值能被有效且充分地挖掘和利用，又要保证安防数据不会被乱用、滥用。

总之，人工智能技术的应用，对安防相关的人和组织的挑战是全方位的，需要不断地探索和尝试，才能找到与安防智能化相适应的人才管理和组织建设的方式。

（四）思维模式的跨越

无论是资金、技术还是人与组织，都是可观察的表象问题。真正的挑战来自思维模式的转变。智能化是一场真正的革命。人工智能将在很多方面超越人类，而且是一去不返的超越。人工智能的发展将给人类对自身的认知带来很多的挑战。当人脸识别能够在人证比对工作中成功应用，并且准确率和效率相比人类工作人员都有大幅提高时，一个职业消失了。当人工智能在几秒钟内从一个城市的所有监控视频中把一个犯罪嫌疑人的行动轨迹复原出来时，人类长时间的知识积累和经验传承的价值在瞬间归零。和机器智能比较起来，我们必须承认自己不是最聪明的，不是知识最丰富的，不是最高效的，不是最公正的，不是最道德的……

那么，在这样的认知基础上，我们的思维模式必须调整。不把安防问题看作是人与人对抗的问题，也不把安防问题看作是单纯的安全问题。坚持两个导向，一是问题导向，重点关注需要解决的问题和达到的目标，至于过程中是由人来执行还是机器执行，是人脑做出的决策还是 AI 做出的决策并不重要。只要能抓住老鼠，无论是黑猫、白猫，甚至机器猫，都是好猫；二是服务导向，重点在于要提供的服务的内容，而不在于形式，更不在于使用什么样的工具。智能安防时代，解决一个问题或者提供一项服务，往往会多管齐下、多箭齐发，在多维度数据的支持下制定最优方案，做出最优决策。人可能会成为其中的一个部分，而不再是全部。

总之，一方面，我们不能把人工智能当作救世主，人工智能解决不了所有问题，也不会完全替代人类；另一方面，我们也不能把人工智能当侵略者，人工智能不是来和人类争夺资源或者权力的。人工智能就是一个新的团队成员，有人类所不具备的特长，能完成人类力所不及的任务。

除了上述几个主要的挑战之外，智能安防在数据安全、评价标准等方面也有一些亟须解决的问题。这些问题尽管不会成为不可逾越的障碍，但在人工智能应用的进程中，确实会在不同的阶段带来一定的负面影响，需要引起相关业者的关注和重视。

三、安防智能化的理想形态

（一）全链智能

从产业的角度看，智能安防将会出现一个全新的价值链，而智能化将体现在链条的每一个环节。在传统安防业务链中，人类智能无法在数据采集、传输、存储、显示等阶段参与，只有当数据以人类能够识别的方式呈现出来时，人类智能才能发挥作用，对数据进行处理，并依据数据做出判断和决策。就像我们常见的监控视频，在拍摄的图像传输到服务器或者其他存储介质上，并通过机房的显示器展现在人类眼睛里之前，人类智能根本不知道监控摄像头拍摄的是什么样的内容、需要进行什么样的处理、应该采取什么样的应对措施等。因此，也完全谈不上有任何进行事前预测、预警的可能。

人工智能的应用会彻底改变安防业务链原有的模式，为每一个环节都插上智能的翅膀。安防服务将走向高度智能化，从风险预测、危险预警到案件报警、应急指挥等各个服务模块都将得到人工智能技术的改造。而围绕安防服务的智能化需求，所有的安防产品都将是智能产品，具备程度不同的计算能力。智能摄像头不仅能完成视频影像采集工作，还能利用搭载的人脸识别、机器视觉智能算法，对影像数据进行实时处理和分析。以5G为代表的新一代通信技术为安防领域的海量数据传输提供了强力支持，并能够极大地扩展智能安防产品的业务场景和服务范围。智能化的数据存储方案能够实现数据在产品端、边缘端和云端的动态分配和优化共享，更重要的是，人工智能芯片和智能算法的结合，让三端都能最大限度地完成对数据的处理、分析和利用。人工智能技术在显示领域的应用会给安防应用带来巨大的想象空间，一方面显示终端将越来越多样化，从固定的显示屏，向移动设备、可穿戴设备等随身显示产品扩展。同时，4K甚至8K显示设备逐步普及，将会给智能应用提供更充足的数据、更多的细节，以及更多的可能。另一方面，显示的方式将会突破有形介质的限制，虚拟现实(VR)、增强现实(AR)及全息投影等技术和产品将在安防领域找到适合的应用场景，从而进一步促进智能安防的效果呈现和模式探索。最后，语音语义识别、自然语言处理等人工智能技术会从根本上改变人机交互的方式，在安防工作的多个场景得到应用。而5G与物联网的结合，提供了让设备与设备之间互动和协同的基础设施。以安防互联网平台为中心构建的安防智能应用生态，成为安防产品与安防服务连接的触手，并最终完成智能安防服务的实现。

　　总体而言，安防全业务链的智能化，意味着有设备的地方就有计算能力，有计算能力的地方就有人工智能算法，对数据的处理和分析分布在数据流动的全过程，共同推动着安防服务的整体智能化（图6-2）。

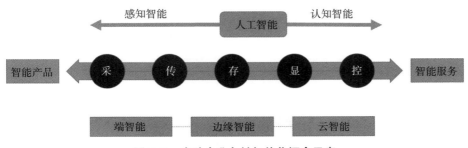

图6-2　安防全业务链智能化概念示意

（二）全面智能

"一花独放不是春，百花齐放春满园。"安防的智能化是人脸识别、声纹识别等智能生物特征识别技术、自然语言处理、智能传感技术、知识图谱、智能机器人等各种人工智能技术和产品在安防领域的综合应用。百花齐放不仅是因为在深度学习的支持下各种人工智能技术的成熟度都在快速提供，达到了在实际场景中应用的水平，满足盛放的基本素质，只要有合适的土壤和环境就能够盛放。同时，也是因为现代安防工作的需求场景日益复杂和多元，单一技术已经无法满足现实工作的需要，而且如果没有其他技术的配合，单一技术的价值也无法真正得到体现。满园春色里既要有红花怒放，也须有绿叶衬托。

随着城镇化比例的不断提高，城市人口的数量越来越多、密度越来越大，而其中流动人口的数量占有相当大的比例。生活节奏加快，生活压力增加，社会矛盾也随之凸显，社会治安管理的形势日趋严峻，难度不断提高。仅以传统的警务工作为例，流动人口的增加导致城市社区常住人口和户籍人口之间存在很大的差异，尽管公安机关已经在宾馆酒店登记、房租租赁等方面设置了以确定流动人口身份和行踪信息为目的的管理核查制度，但本质上这些制度和管理手段都是防君子不防小人的。对于那些有目的、有预谋的违法犯罪分子来说，这些制度的作用非常有限。就像某著名歌星的一次演唱会就能够发现并成功抓捕多个在逃人员，说明这些被抓捕的目标对象并没有消失，就生活在我们的周围，只是"大隐隐于市"，在人脸识别技术没有在演唱会现场应用之前，我们没有能力发现而已。我们以前常在影视作品中看到的蹲点监控、入户排查等方式已经远不能满足打击违法犯罪工作的需要。同时，情报和指挥系统分离，联动不足。传统模式下，情报系统的及时性、准确性都有所欠缺，无法反映实时的警情和治安态势，情报对指挥决策的贡献很小，导致警务工作常常处于被动状态，缺乏事先预测、主动预防的能力。战斗指挥还是主要依靠人类基于经验和知识形成的判断，以及"朝阳群众"的帮助。而案件侦查侦破只是社会治安综合治理的一个部分，更是整个安防工作的冰山一角。应急指挥、灾害防治、反恐、灾难救援救治等都需要在人工智能技术的支持下实现数据共享、能力共享、协同指挥等综合性智能化管理。

　　安防的全面智能化就是多元化的人工智能技术在安防各个领域的全场景下得到应用，以不同的技术和产品组合应对不同的安防场景要求，能够有效地促进人与信息、人与事件、信息与指挥、事前到事后的联动和协同。

（三）全程智能

　　人工智能的应用将会极大地提高安防工作的自动化程度，工作流程中的大多数环节将不需要人类的介入，机器根据采集的数据和预期的目标自动执行操作。根据人工智能技术替代或补充人类智能的程度及对安防业务模式的影响，智能安防的全过程可以概括为自动感知、自主决策、自发响应3个阶段（图6-3）。就像人类通过眼、耳、鼻、舌等感觉器官来采集信息，并传递给大脑做分析处理一样，人工智能也需要通过监控视频、传感器、可穿戴设备、互联网等多种方式感知其所处的环境。智能感知设备在运行过程中并不需要人类介入操作，设备会自动根据感知要求和环境条件调整设备的姿态、参数设定等，以获得最佳的感知状态。以视频监控为例，智能摄像头根据不同的拍摄任务要求，会自动调整其角度、焦距等，保证目标区域处于拍摄范围。同时，根据不同的天气和光线条件，智能摄像头会自动调节感光度、白平衡、光圈等参数，从而确保能够拍摄到满足要求的图像。

　　智能感知设备采集的数据将为智能安防第二阶段"自主决策"提供支持。通过调用感知设备采集的多元化数据，并运用人工智能算法对数据进行多维深度分析，智能安防系统将能够做出精准度不同的预测，并在此基础上决定采用何种响应方案，主要包括事前预警、事中指挥、事后管控3个方面。事前预警方案不仅包括预警的等级，也包括预警的对象、预警信息发布的通道、预警效果的预估、预警反馈信息的收集和分析等一套完整的过程。事中指挥方案则需要明确需要调动哪些部门、哪些资源；需要哪些人、哪些设备在什么时间到什么位置，执行什么任务；行进、撤离路线如何设计等一系列在特定时间和空间约束下的应急行动计划。事后管控方案则主要聚焦在应急处置完成之后，如何持续跟踪事件的后果和影响，如何预防次生灾难或跟随性事件的发生等。例如，一些自然灾害发生后的灾后重建，交通事故或者公共安全事件发生之后的伤亡人员的善后工作等。

在理想状态下，智能安防系统做出决策之后，将会启动自发响应程序，自动进入决策方案的执行过程。当然，在实际运作中，大多数重要的决策仍旧不会离开人的参与。或者说，在很多重要的场景下，人工智能所能发挥的只是辅助决策的作用，最终的决策还是由人类来做出的。但这并不会影响人工智能在安防响应阶段的自动化能力。一旦决策方案确定，按下"执行"按钮，智能安防系统将自动打开相关接口，向目标系统或者设备推送指令。一个功能完好的智能安防系统，能够把"方案"分解到每一个人、每一个摄像头、每一台机器人，并能有效控制各个单元的执行。各单元的执行数据会及时返回到感知设备和决策系统，以动态获取最新的数据，并调整决策方案。

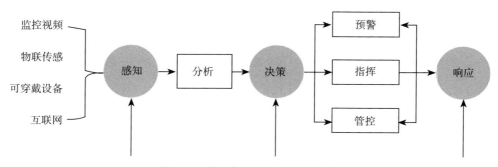

图 6-3　安防全程智能化概念示意

四、安防智能化的实现路径

安防的智能化，一方面依靠人工智能技术发展的驱动；另一方面也有赖于安防需求发展的带动。更重要的是智能安防的落地需要技术和需求两方结合所生成的应用场景的支持。如前所述，安防同时拥有政府、企业、个人3种不同的市场。这种特殊的市场结构让安防的智能化发展与其他领域有了一定的差别。从市场角度，政府主导的大型项目是落地安防智能化应用的最佳场景，一是政府项目通常资金较为充沛，具备引入前沿技术和应用的物质条件；二是智能化不仅是技术或者产品的革新，更是服务和业务模式的升级，政府调动资源的能力相对更强，更有可能真正让智能安防落地实施。但政府项目需要很强的顶层设计能力，对于技术方案的成熟度要求也会更高。企业市场和个人市场相对更加市场化，需要更加关注其切实的、可实现的需求，能否在成本可控的条件下得到满足。无论是面向哪个市场，技术层面还是要高度重视智能方案的实际价值呈现、成本控制、可操作行等因素。

换个角度来说，技术本身并不天然具备价值，其落地都必然要体现在某种产品或者服务上。人工智能技术更是如此，如果没有某种产品或者应用（APP）作为载体，那么这种技术便只具有科学意义，而没有产业价值，无法服务于具体的需求场景。因此，在思考如何推动安防领域的智能化时，核心要关注的就应该是如何让不同成熟度的人工智能技术转化为产品或者应用（APP）。理儿是这么个理儿，但具体怎么做仍旧是个问题。安防的需求有其自身的特性，安防行业的发展也有其特定的规律，相关政府部门、产业界对于安防行业本身的认识已经非常深刻，经验也很丰富。但人工智能的应用对安防业务的影响不只是锦上添花，是会从根本上改变安防的业务和商业模式。也就是说，我们不能继续沿用传统思维，循着自上而下或者自下而上的思路来考虑问题。安防行业的智能化需要综合多方面的因素，既要目光长远，站在未来看现在，前瞻布局；也要脚踏实地，充分考虑安防产业的历史和现状，因地制宜。唯有如此，才能真正促进人工智能技术与传统安防技术的充分融合，共同构建一个新的智能安防产业生态。概括来说，有以下3个方面的路径可以考虑：以平台带动应用发展、以应用带动产品升级、以增量带动存量。

（一）以平台带应用

平台就是舞台，是人工智能应用和产品价值展示的主要载体。平台就是土壤，为相关人工智能技术和产品的发展提供了基础条件。智能安防的平台是连接人工智能技术应用和安防服务场景的枢纽，完成了算力、算法和数据的集成，从而形成新的服务能力。

以消防为例，危险化学品爆燃事故是消防的难点，因为如果搞不清楚是什么东西引发的爆炸，就无法确定应该用什么样的灭火材料，也就很难预计是否会有二次爆炸或其他次生灾害发生。发生在天津的"8·12"事故就是一个典型的案例，最终导致上百名消防人员和公安干警在事故中牺牲。那么，一个服务消防的互联网平台能起什么作用呢？

首先，在事故发生的第一时间，消防互联网平台连接并调用发生事故的化学品仓库的仓储管理系统的实时数据，确定有哪些化学品在库、有多少量、在什么位置、和发生爆炸事故的地点之间的相对位置关系等，从而尽可能确定爆炸物是什么。同时，系统自动调用该企业的考勤管理系统和门禁系统的数据，确定事故现场的人员情况，并依据仓库内部监控系统的数据，确定人员的基本位置。至此，我们已经了解了事故的基本情况，接下来需要对事故的危害、影响做出预测，这时就需要以知识图谱为代表的人工智能技术的支持，通过连接危险化学品数据库，确定爆炸物的化学特性，并且对其他在库化学品的属性进行分析，预估事故的影响范围，以便能够选择合适的灭火材料，确保不引起二次灾害。这时，需求场景基本明确，系统已经知道了应该采取什么样的应对方案，需要在多长时间内，调动多少消防能力和相关资源来参与战斗。接下来就需要系统对能够调动的消防能力和相关资源做出评估，并根据其所处的不同位置，结合当地交通管理系统的实时信息，智能规划各个消防队伍和设备的最佳行进路线，并预估到达时间，确保能在计划时间内，有足够的消防能力抵达事故现场。同时，根据对事故现状和后续发展的预测，对损失情况做出评估，并结合周边可调用的医疗、救援能力，制定相应的救援方案。到这里，一个综合了是什么、为什么、怎么办等多维信息的消防应急方案已经形成，可以提交给一线指挥官用于决策参考。

看起来这些工作没有平台，没有人工智能技术也可以完成，理论上也的确是这样的。但智能化的消防互联网平台的优势在于，所有这些工作都是在秒级范围内完成的，而对于消防这样事关安全的任务来说，时间就是生命。如果没有互联网平台，人无法快速完成对多个不同系统的数据调用，也就无法在短时间内确定人员、爆炸物、周边情况、消防力量、资源配置等关键信息的确认。如果没有人工智能技术的支持，人也无法快速完成对庞大数据库的检索，确定适合该爆炸物的消防材料，也不能准确了解事故现场人员的实时分布，并对损失和伤害情况做出预测，以制定针对性的救援方案。因此，更谈不上在很短时间内制定出最优的综合应急方案用于一线指挥。

其他安防领域和消防领域的逻辑是一样的。安防互联网平台能够快速完成对相关数据的采集、调用、分析、预测，并形成相应的应急方案，用于指挥决策。这个过程中有一个难点，就是对于数据的调用。基本上可以分为两个问题：第一个是让不让看的问题，就是说其他系统是否允许安防平台调用其数据。这是一个授权问题，安全是第一位的，对于安防平台，就应该被授予相关的权限。第二个是会不会看的问题，就是安防互联网平台能否准确识别其他系统的数据。这是一个技术问题，虽然难度很大，但还是有实现的方案的。

平台提供了充足的算力、多维的数据，为人工智能算法提供了丰富的应用场景。平台的运行将会对应用的发展起到极大的带动作用。而各种不同应用的加入又会给平台的能力带来很大的提升，两者相辅相成，携手打造一个智能安防的新生态。

（二）以应用带产品

安防的价值最终要通过服务来实现。安防互联网平台所创造的丰富场景将会激发各种人工智能算法的应用，这些应用将成为安防服务新的核心载体，与各种智能安防产品一起承载未来各种新的安防服务。同时，这些智能安防应用的涌现和使用将向安防产品提出更高的要求，从而更进一步地促进产品的智能化，甚至催生出新的智能安防产品。

传统安防时代，硬件产品是承载服务的唯一主体形态，软硬一体是安防产品的常见模式，智能产品也不例外。而在智能安防时代，大量的服务将不需要通过有形的专门产品来实现了。以前需要专门产品才能实现的安防功能，可以由一般通用型智能产品来实现，或者换一个角度，以前的安防专门产品将不再只是用作安防，还可以承载更多其他的功能。这时候，硬件的功能将由软件来定义，软件的升级、迭代将持续提高硬件的智能水平，不同的算法或者算法组合将能够给硬件新的生命。另一种可能的情境是，安防服务将由不同的应用通过调用硬件功能的方式来实现。

一个架设在路口的摄像头，在正常情况下，这个摄像头拍摄的视频数据由交通管理系统调用，服务于城市的交通和车辆管理。根据不同的光线、天气条件，软件算法会自动调整摄像头的相关参数，以保证能够拍摄到质量最好的视频。根据不同的任务要求，可以自动调节摄像头的姿态、视角、焦距等，以获取满足任务需要的视频数据。而在突发事件出现时，这个摄像头拍摄的视频数据就可以被其他安防应用调用，以完成特定的任务，如大规模群体性事件的监控、取证，或者公安机关对特定车辆、人物进行追踪等。同样一个摄像头，作为硬件的功能几乎完全没有变化，但由于不同的软件设定，可以适应不同的拍摄条件。而不同性质的智能安防应用对摄像头拍摄数据的调用，则让摄像头具备了几乎完全不同的功能。还是以监控摄像头为例，4K 视频拍摄能力让一个摄像头足以满足不同需求场景的拍摄要求。而软件技术的进步实际上已经大大扩展了图像和视频拍摄的技术要求，尤其是先拍摄后对焦这样的技术应用，实际上已经让摄像头可以一专多能，适应多种需求了。摄像头还是那个摄像头，拍摄的内容也还是那些内容，但不同的人工智能算法应用（APP）让其具备了不同的价值。

未来，安防产品软硬一体化的局面将会被彻底打破，安防硬件产品的通用性将会越来越强，安防产品的功能将由算法来定义。同一个硬件产品的数据可以被不同的算法应用调用，实现不同的功能。同一个算法应用也可以根据任务需求调用多种不同硬件产品的数据，以满足应用所要服务的目标。

（三）以增量带存量

经过 20 多年的快速发展和国家政府的大力推动，安防工作已经沉淀了大量的投资，生产并部署了数量非常客观的各种硬件产品。尤其是近 10 年来，随着平安城市、天网工程、雪亮工程等大型安防项目的推动，监控摄像头的部署密度已经比较高了，全面替换的成本将会非常高。那么，在推动安防智能化的过程中，就必须考虑安防行业的发展现状，尽可能地把已经部署并且还能满足正常拍摄要求的产品纳入智能化的方案中来。

如前所述，在软件定义一切的大背景下，通过算法的加载，完全可以把一个传统的摄像头改造成为智能产品。但如果直接在传统的摄像头上加载算法，还是需要对硬件进行一定的改造。而随着边缘计算的发展，出现了一个不需要对传统摄像头做任何改造就能完成一个目标区域安防监控系统智能化升级的技术方案。具体来说，就是在边缘端部署人工智能算法，传统摄像头只作为数据采集的工具，而无须具备计算能力，计算工作统一都放到边缘端来完成。这样，只需要新安装一个边缘计算的设备就能够带动其范围内的传统监控设备进入智能时代。

华为公司还推出了一个更聪明的 1+N 方案，通过安装一个新的智能摄像头，就可以带着多个普通摄像头实现智能化。实际上，华为公司的方案是把这个新装的摄像头同时作为边缘计算的设备使用，但确实会在很大程度上降低智能化改造的成本。形象地说，一般的智能摄像头只有一只眼，但能提供边缘智能计算的摄像头就可以有多只眼。

五、安防互联网平台

通过平台的方式推动传统行业的智能化发展，在工业领域已经得到了初步的验证。在制造业转型升级向智能化发展的过程中，工业互联网平台是一种受到各个主要工业国家、大型工业企业及相关领域高科技企业的广泛关注和高度重视，都在积极参与推动落地实施，并被证明行之有效的模式。但如果从技术和模式的适用性角度考虑，工业领域其实还不是互联网平台的最佳实践场景，工业的一些固有属性特点并不完全适合平台模式。而安防的需求特性和智能化场景下的运作特点，相对来说更加高度符合互联网平台的优势。安防互联网平台的发展应该成为推动安防智能化的主要模式，得到全行业的共同支持。

（一）工业互联网平台介绍

工业互联网（industrial internet）的概念是由美国通用电气公司（GE）于2012年率先提出的。在其发布的《工业互联网平台白皮书》中，GE将打破机器和意识的边界作为副标题，并把机器智能定位为工业互联网的三大要素之一。紧接着，2013年，GE就推出了第一个工业互联网平台Predix，力推平台＋应用（APP）的模式，用以替代传统的工业软件和封闭系统。此后，在工业4.0概念发端的德国，西门子公司也推出了其工业互联网平台MindSphere。紧随其后，施耐德、ABB等在内的传统工业自动化领先企业也陆续推出自家的工业互联网平台。在中国，包括海尔的CosmoPlat、航天云网的INDICS等工业互联网平台也陆续上线。一时间，工业互联网成为工业界最流行的概念，从传统工业企业到ICT厂商，再到互联网企业，言必称工业互联网，好不热闹。虽然，各家平台的侧重点都不尽相同，但核心理念其实仍然没有超出GE当年对工业互联网的定义，"平台＋应用"也成为工业互联网的通行模式。

到目前为止，包括德国、美国、日本等工业强国在内，尽管各个国家的提法各有不同，但基本上都把工业互联网作为推动工业智能化的一个重要抓手。我国的情况也比较类似，工业互联网也已经成为推动智能制造、实现中国制造

2025 目标的重要手段。2016 年，中国的工业互联网产业联盟（AII）成立，并快速成长为我国工业互联网发展的主要推动者。联盟成员数量已经突破 1000 家，涵盖了包括工业企业、信息通信企业、研究机构、安全服务企业等各个相关领域，各方面的资源都得到了较为充分的调动。

根据工业互联网产业联盟（AII）对工业互联网的理解，网络、数据和安全是工业互联网的三大核心要素，并把打造网络体系、平台体系和安全体系作为我国工业互联网下一步发展的主要目标。工业互联网平台则是工业全要素连接的枢纽，是工业资源配置的核心，是面向制造业数字化、网络化、智能化需求，构建基于海量数据采集、汇聚、分析的服务体系，支撑制造资源泛在连接、弹性供给、高效配置的工业云平台。[①] 由此我们可以知道，数据是工业互联网平台能否发挥作用、体现价值的关键。

（二）工业互联网平台的问题

虽然说工业互联网平台的发展的确取得了很可观的成绩，对于推动工业智能化发展也确实发挥了重要作用。但这种平台化的模式在工业领域，尤其是生产环节的应用还是会受到一些工业固有特性的影响，工业互联网平台更进一步的发展还是会遇到不少深层次的问题和挑战。如果说只是采购原材料或者销售产品，不涉及生产制造的核心环节，那么互联网平台在打破信息不对称、提高效率等方面的价值是非常大的，而且还会越来越大。但是，工业互联网平台的目标不在于要素匹配，而是物理世界和虚拟世界的互联互通，涉及的都是机器设备数据的采集、工艺优化、流程控制、设备互操作等更深入的工作。我们都知道，平台的优势在于能够提供低成本的算力、丰富的算法，如果能加上企业产生的海量数据，就有可能获得超预期的价值。那么，对于一个企业来说，是否采用工业互联网平台的服务，仅从数据层面就有两个问题要考虑。

首先，工业领域是一个充分竞争的开放市场，一个企业的生存和发展通常

---

① 　来源于《工业互联网平台白皮书（2017）》。

是要以战胜竞争对手为前提的。而工业互联网将会采集的都是一个企业的核心数据，无论是设备运行数据、工艺流程数据、排产数据、管理数据、能耗数据等都可以说是企业的机密，一旦被竞争对手获知，将会陷入非常被动的境地。那我为什么要把这些关键的数据放到一个开放的平台，而不是自建一个专属的系统或者平台呢？

开放平台会更安全吗？有可能。或许我们会想，就像有人会选择把特别贵重的东西存放到银行的保险柜，而不是放在自己家里的保险柜，是因为我们觉得银行在安保设施、手段上比自己家里更加完备，也更加安全。而且，相比自建一个同样标准的保险柜所投入的成本，我们花的那一点租金就显得非常合算了。但是，网络平台的逻辑还是一样的吗？很有可能不是。开放平台对于服务器等硬件设备的保护理论上来说一定是会比单个企业或者个人做得更好的，毕竟有规模效应影响，可以投入更多的资源。但网络时代的安全已经完全不在于硬件设备的物理安全，而在于软件系统的数据安全。相比企业自建专属的系统，采用开放平台的服务必然带来一个结果，数据在网络上被传送的距离更大，时间更久。而这会大大增加数据泄露的可能性。同时，各个平台对于自身系统的安全防范能力，也没有给大家太大的信心，包括苹果、脸书（Facebook）在内的科技巨头也常出现数据泄露的问题。

那么，如果说开放平台并不更加安全，我们还有什么理由采用这样的服务呢？或许，只有一个可能，那就是数据在开放平台上的共享会带来更大的价值，值得我们去承受数据泄露的风险。

其次，数据共享的确能带来额外的价值。当我们同意互联网平台收集我们在网络上的操作记录，互联网企业就能根据我们的搜索、浏览等行为数据，更加精准地推送我们更加感兴趣的个性化的信息。当我们把对所购买商品的评价都发到电商平台上时，生产厂商便会根据我们的反馈改进产品、改善服务。这些都是在个人互联网或者消费互联网已经被证实的价值。但是，工业互联网的情况会怎么样呢？

产品交易环节与消费互联网的逻辑相似，当大家都把采购需求发布到某个互联网平台时，通过集中起来的采购数据便能够知道需求的增减、市场冷暖的变化，进而对每一个企业的经营计划产生影响。而每个工业企业内部，都是一个封闭的流程，这个流程之外的数据对于流程的运行来说，似乎价值并不大。唯一能够体现数据共享价值的工业互联网应用场景是大型设备的预测性维护。设备的预测性维护是采集设备运行过程中的压力、温度、震动、旋转等多维度实时数据，通过和该设备的历史运行数据进行比对，进而发现异常，提前预警，从而有计划地安排检修维护。这个有点儿像人类对健康数据的监控，从以前的定期体检，到利用可穿戴设备实时监测，能更及时发现问题。但人类除了对自身健康数据的监测之外，还有一个很重要的影响健康的因素是基因，是遗传因素。相应地，工业设备也有"基因"的问题。简单来说，如果同一批次的设备中有1/3都在差不多的时间周期内出现了某种故障，那么我们的设备也非常有可能会出现同样的问题。过去，我们只能靠统计学的分析来推断，但现在可以通过对同一批次所有设备的运行数据进行采集、分析，综合起来，能够得到更加准确、可靠的结论。也就是说，当我们把自己的设备数据上传到平台时，实际上是为平台分析同一批次甚至同一品牌相关产品的健康问题提供了数据，从而能够得到更加准确的判断，同时，也让平台对我们自己设备的健康预测更加准确，数据共享的价值得以呈现。例如，美国通用电气利用其工业互联网平台 Predix 对其航空发动机的运行数据做分析，从而能够向其客户提供预测性维护服务。但是，除此以外呢，还有什么别的场景能够体现数据共享的价值吗？似乎不多。

（三）安防互联网平台的优势

相比工业领域，安防有很大的不同。工业互联网应用过程中遇到的数据保护和数据共享方面的挑战，恰恰是互联网平台高度适合安防行业需求的优势之处。

首先，安防服务不是一个开放竞争的市场。所有安防相关的服务，其目的都应该是降低本地或本领域的安全问题发生率，提高应急指挥的效率和效果，评价成效的重点是绝对值，而不是在不同地域、不同领域之间做横向比较。如果相邻两个城市的犯罪率绝对值都很高的话，哪怕一个城市的犯罪率比另一个城市要低，也不能说明这个城市的公共安全工作做得更好，如果两个城市的犯罪率绝对值都很高的话。当然，现实生活中，还是难免会通过横向的比较来说明问题，但本质上，这种比较的意义确实不大。但无论如何，有一点可以确定的是，一个人的工作好坏并不是通过是否打败了其同行来评判的，我和同行之间更多是协作而非竞争关系。这一点就决定了，在面对安防需求时，安防数据的保密性要求很低。只要对方有合法的理由，并且是为了安全用途，那么，就会无条件开放安防数据给对方使用。

其次，稳定压倒一切，安全问题大过天。从数据治理和保护的层面考虑，安防应用对于数据的调用权限应该是排在第一位的，必须给予安防应用以充分的授权。这个数据不仅仅局限于安防的数据，还包括任何有可能对安防工作有价值、有帮助的数据，如社交媒体的互动数据、电商平台的消费记录、搜索引擎的搜索记录等，都应该保证安防应用拥有足够的调用权限。

这样，对于安防互联网平台来说，数据的获取就不存在任何问题了。但是，平台能让这些汇集上来的数据产生价值吗？答案当然是肯定的。而且，数据的共享价值恰是安防互联网最大的优势所在。概括来说，公共安全是一张网，不同模块相互协同，才能实现群防群治。交通、公安、民政、消防、应急、救援等不同的部门，只有通过一个平台，打通互相之间的接口，保证数据的互联互通，才能打破信息孤岛、才能有机会真正发挥安防数据的价值。食品安全是一条链，从原材料的检验，到生产过程的监控、产品质量的检测、仓储和物流过程的管理等，每个环节的信息都需要被记录、共享、分析、追溯，建立起人、物、数据之间的精确匹配和全过程跟踪，只有这样才能确保对潜在安全问题的及时预测、预警，对问题产品的准确追溯和应急处理。环境安全是一个"体"，天、地、人三方信息汇聚，天灾人祸才可防可避。对于自然灾害等不可抗力带来的安全风险，需要整合包括气候、地质等环境与生态监测数据，建筑、交通、工厂、电力等地域特征数据，以及人口数量、结构、分布，医疗救援条件、资源等各个维度的信息，这样才能制定出完善、可行的灾难应急处理方案。

总之，安防行业对于数据共享的需求极强，只有高度的数据共享，才能真正发挥人工智能、大数据、云计算技术的价值，切实提升安防工作的效果，实现可预测、能预警，防止并举，以防为主的局面。相应地，从技术角度考虑，安防行业对于数据共享的要求也会非常高，必须要有统一标准，才有可能做到数据的便捷调用和准确识别，才能具备大规模的人工智能技术应用的基础。而这正是安防互联网平台的优势体现所在。

（四）安防互联网平台的设计

安防互联网平台是智能安防系统的核心，是连接安防设备采集的数据、云基础设施提供的计算能力、人工智能算法赋予的分析决策能力，以及承载安防应用的运行，对接服务对象和现实世界的安防需求的中枢。

智能安防系统的整体结构可以分为物理层、边缘层、基础层、平台层、应用层、用户层、场景层7个层次。其中，用户层和场景层主要是关于现实世界中安防的需求场景分类和安防工作的分工，更多是管理模式的问题，而非技术应用问题。之所以把场景和用户都作为整个智能安防系统的组成部分来考虑，是因为安全问题往往都不是由单一因素引起的，解决方案也常常需要多部门协同作战，共同应对。也就是说，从需求角度出发，安防行业对于平台和应用的资源调配能力、灵活性等都有很高的要求，在安防互联网平台设计中需要予以充分的考虑（图6-4）。

物理层，或者说感知层，是整个智能安防系统的基础，其设计好坏、能力高低将在很大程度上决定智能安防系统的效率。首先，物理层要完成多维数据的实时、准确采集。这里的数据不仅包括传统意义上的视频监控数据、生物特征数据等公共安全相关的数据，还有气候、环境、地质等宏观环境的监测数据，厂矿企业的生产、排放、仓储等事关生产安全的监控数据，食品的原料采购、生产、

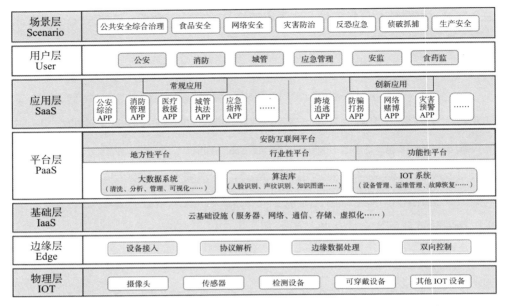

图6-4 安防互联网平台概念结构设计

流通等全生命周期数据，乃至于个人的健康、饮食、运动等现实世界的行为数据和在互联网上的搜索、购买、评论等虚拟世界的行为数据等，都是数据物理层的目标。因此，构成物理层的设备也不局限于智能摄像头、传感器、可穿戴设备等，还包括未来各种各样的物联网设备，只要能够有效采集数据，并且对于安防工作具备价值，那么这些设备就都是智能安防的感知设备。其次，物理层要覆盖多场景的数据采集需求，针对卡口场景、开放场景，以及二者的混合场景都有完整的解决方案和相应的设备、工具支撑，能确保必要的数据得到采集、传输。最后，物理层的价值并不仅仅是单纯的数据采集，作为智能安防系统与现实世界的交互界面，还要承担执行智能安防系统的指令，协助完成安防应急任务的职能。例如，智能安防机器人，既要能够采集数据，并在人工智能算法或者应用的支持下对数据进行初步的处理和分析，或者将数据安全传送到边缘端或云端的智能系统，还要能够自动生成应急方案或接受来自智能安防系统的指令，协助人类参与对事件的处理、处置，风险的预警，人员的抓捕等。

智能安防系统的边缘层对于整个系统的健康有效运转具有重要价值。一般来说，边缘层介于物理层和云端之间，主要用于感知数据接入、解析、结构化等数据处理。但由于安防相关设备有数量庞大的非智能普通设备，如普通的摄像头等，这些设备要顺利接入到智能安防系统，就必须要进行一定程度的智能化改造，而加强边缘端的能力是效果最好的一种选择。因此，考虑安防行业的现实状况，智能安防系统对于边缘端的能力需求更为迫切。边缘端是直接连接物理层的计算平台，还是人工智能感知技术应用的主要阵地。以人脸识别、机器视觉、声纹识别等为代表的人工智能感知算法都可以部署在边缘层，用于对接入的数据进行特定的处理和分析，并输出相应的判断。边缘层还是和物理层设备互动的平台，来自云端的平台的指令或者边缘端的决策都可以转化为对物理层设备的控制，进而调整物理层设备的姿态、参数等，优化数据的质量。鉴于安防工作对系统快速响应的高要求，以及人工智能软硬件技术的快速发展为边缘设备赋予更强的能力，未来，智能安防系统的边缘层将会发挥越来越重要的作用，承载安防互联网平台很多功能的实现，成为智能安防系统的重要能力支撑。

云计算是在虚拟化、分布式存储、并行计算、负载调度等技术的支持下，实现网络、计算、存储等资源的池化管理，并能根据用户的需求进行动态、弹性的分配，同时保障资源使用的安全与数据隔离，从而为用户提供完善的按需分配的基础能力服务。云计算已经被公认为是智能时代的通用基础设施，自然也是智能安防系统重要的底层基础设施。但随着智能物联网（AIoT）的发展，尤其是人工智能芯片计算能力的快速提升，分布式计算的能力得到大发展。基于此，边缘计算的重要性越来越被重视。计算能力的配置出现向边缘端和设备端转移的趋势。从其他领域的发展来看，似乎云计算的价值在弱化，很多功能会逐渐被边缘计算替代。但对于安防行业来说，情况完全不同。智能安防最重要的价值在于能够改变传统安防模式下只能事后被动应对的局面，通过大为增强的事前预测、预警能力，切实提高安全防范的水平。而预测、预警需要基于强大的数据处理能力和大量的多维数据的支持。只有在云端才有这样的数据基础，也只有云端才可能具备如此强大的计算能力。因此，在智能安防时代，云端的能力只会越来越强，作用只会越来越大。

只是，未来云端、边缘端、设备端的角色分工会更加合理、高效，共同构成智能安防时代的通用基础设施。具体来说，设备端将着重于包括监控视频、人脸、声纹、车辆等全息数据的采集，并基于单点采集的数据，应用人工智能感知技术，对数据进行特定方向的处理和分析。边缘端的数据则由其所覆盖的区域数据构成，并同时应用感知和认知两种人工智能技术，实现对边缘数据的处理分析，以及在此基础上，对相关设备进行实时控制，以配合应急指挥方案的制定和实施。云端的主要职能则是在包括各个相关的边缘端和设备端在内的全域数据的基础上，应用知识图谱、深度学习等人工智能认知技术，通过强大的数据分析和处理，实现对安全事件的预测、预警。三端的高效配合将为安防互联网平台和构筑于其上的安防应用的功能发挥提供强大的基础支撑（表6-1）。

表6-1 云、边、端智能分工

	数据	人工智能算法	功能
云端	全域数据	认知	大数据处理分析+预测+预警
边缘端	单域数据	感知+认知	边缘数据处理+设备双向控制+应急响应指挥
设备端	单点数据	感知	全息数据采集+单点数据处理

注：域指的是数据的覆盖范围，既可以是空间意义上的地域，也可以是行业意义上的领域。因此，全域数据是指某个安防平台所覆盖的全行业、全地域的数据；单域数据是指安防平台上某个边缘端所覆盖的特定地域或者特定领域的数据。单点数据则是指某一台安防设备所采集的全部数据。其中，全息数据的意思是该设备采集的多维度数据。例如，具备复合功能的视频监控设备采集的视频图像、声音，以及温度、湿度、风力等环境数据等全部维度的数据。

云端、边缘端、设备端的分工本质上体现的是算力的分配。算力是决定性的因素，算法是附着其上的，数据的存储和处理也是跟着算力走的。算力的分配则取决于需求场景的不同，算力、算法和数据三者结合之后的计算结果向哪里输出，哪里就是计算的目的，就是需求场景。通常来说，由于计算资源的成本、利用效率等因素的影响，云端的算力是最强的，边缘端的算力次之，设备端的算力最弱。为摄像头增加计算能力，加载智能算法，对拍摄的图像进行分析，并根据分析的结果调整摄像头的姿态、参数和相关辅助功能，以最大限度地提高拍摄图像的质量。对于智能摄像头来说，计算的目的是为了优化摄像头的拍摄质量，因此，算力就应该直接被分配在这个摄像头上，相应的算法也应该加载在这个摄像头上，用来分析的数据也应该在摄像头端进行存储和处理。因此，智能摄像头就是比较典型的设备端计算。当然，监控视频的智能化也可以采取边缘计算的方式，把数据的采集和存储、处理分开进行，将算力和算法都集中在一台边缘端设备上，汇集、存储、处理、分析多台摄像头拍摄的视频数据，并根据分析结果分别进行相关参数的优化和姿态的调整。另外一个典型的边缘计算场景是自动驾驶汽车。汽车在行驶过程中需要在毫秒间即时处理由装载其上的大量摄像头、传感器等采集的海量数据，以做出及时的决策，进而完成对汽车的控制。自动驾驶的需求场景是对汽车行驶的路线、方向、速度、加速度等的实时准确控制，这个控制是由汽车的自动驾驶系统来执行的。也就是说，自动驾驶汽车的数据采集和处理、分析是由不同的设备和系统完成的。装载在汽车上的大量传感器等各种设备负责数据的采集，之后交由汽车的自动驾驶系统进行处理、分析并基于分析的结果形成决策，实现对汽车的控制。因此，对于自动驾驶汽车来说，算力就应该被分配在汽车端，也就是边缘端，算法也相应地应该加载在边缘端。之所以不采用云计算的方式，是考虑远距离数据传送的成本，以及由通信网络的稳定性、延时等带来的潜在风险。边缘计算可以有效避免这些风险的出现，因此，是非常适合于自动驾驶场景需求的计算方式。云计算则适用于有海量的数据需要存储和处理，算法复杂度高，对算力有极高要求的情境。计算结果的输出往往不是用于直接控制物理设备，而是对大型网络系统或者平台的请求做出响应。在安防领域，对大量、多维数据进行处理、分析，并依据计算结果，对未来的风险进行预测、预警，就是非常适合于云计算特性的需求场景。

云端、边缘端、设备端的分工也是成本分配的结果。在设备端、边缘端部署智能算法，只在出现异常状况，需要预警或者报警时，才向云端或者其他关联系统传输数据，这会大大降低网络数据传输和存储的成本。考虑到监控视频超大的数据量，网络成本还是非常可观的，而且是持续的成本投入。因此，从成本角度考虑，智能安防系统的算力和数据存储格局将呈现云端、边缘端、设备端同时存在，边缘端、设备端的避重逐渐增大，直到"上帝的归上帝，恺撒的归恺撒"，找到合理的分工状态。

安防互联网平台（PaaS）是整个智能安防系统的中枢。结构上，安防互联网平台还可以分成通用 PaaS 平台、数据分析与可视化平台、业务 PaaS 平台等。通用 PaaS 平台集成微服务、容器等基础框架和软件开发工具，在云端环境中实现 IT 资源分配、应用调度和开发部署管理。数据分析与可视化平台则提供海量安防数据的分析、趋势预测及可视化呈现等功能，呈现数据价值，提升安防系统的洞察力。业务 PaaS 平台则以流动人口管理、案件侦破、灾害防治、应急指挥控制、工业安全管理、食品安全监督等各个安防相关领域的经验知识为背景，提供各类专业服务组件及预置解决方案模板，支撑快速构建面向特定安防场景的定制化 APP。这些平台既可以由分别建设成为独立的平台，通过相互协同，成为一个完整的智能安防服务平台，也可以由同一个供应商将几个不同的功能集成在同一个平台上，以实现所需要的服务。

业务层面，安防互联网平台可以分为地方性平台、行业性平台和功能性平台 3 种。大部分的安防工作有很强的地域属性，无论是社区安全、食品安全、工业安全还是自然灾害的防治等，其影响范围都基本上局限于当地，防控措施的实施也以当地为主，同时，考虑安防工作从管理和分工上本身就是明确的地域区划。因此，地方性的安防服务平台是安防互联网平台最主要的构成。除了地域特性以外，安防工作还有很强的专业分工，涉及的范围极广，不仅包括传统意义上的公共安全、工业生产安全、反恐、自然灾害防治、食品安全等，还包括随着技术进步和社会发展而出现的网络安全、数据安全等新的安全问题。

每一个细分的专业领域都有其专门的知识和经验，也有应对安全威胁的特定思路和做法，因此，安防的每个行业都需要有其专属的服务平台。也就是说，安防服务平台可以从两个维度设计规划：一个是横向的地方性服务平台，其服务对象集中于当地，服务范围覆盖安防的各个维度；另一个是纵向的垂直行业服务平台，以某一个特定领域作为服务目标，贯穿该领域的各个层面，与地方性服务平台结合，满足覆盖全国的该行业的服务需求。

安防服务平台需要具备包括大数据服务、算法服务、IOT 服务等在内的核心服务能力。其中，大数据系统要对汇集到平台上的数据进行必要的清洗、结构化，和对数据基本的分析、可视化，为各个应用的个性化、深层次的调用构建基础。这些通用的数据服务能力将会为各地区、各行业的安防服务平台提供数据技术支撑，让业务部门（各安防相关的政府机构和企业等）能够高度聚焦在数据采集、模式设计等问题上。同时，平台将提供各种人工智能算法的通过基础算法库，为用户开发各类符合平台标准要求的应用（APP）提供基础的算法组建，从而极大地降低用户应用人工智能算法的技术门槛，让普通用户也能很方便地从人工智能技术中受益。同时，也能大幅降低包括开发和部署的时间等在内的各种成本，加快人工智能技术在安防行业的落地应用。最后，安防服务平台还需要强大的物联网技术能力，打通和物理层各个硬件设备的通信、识别、控制等，并在此基础上，为应用开发提供针对各种不同设备的标准组件或者模板，大大简化用户的应用开发难度和成本。同时，也从应用角度推动硬件设备的标准化进程，逐步改变不同厂商、不同品牌之间硬件设备的标准不统一问题给智能安防技术的价值发挥造成的困难。

在安防服务平台之上，用户根据不同的场景需求，定制化开发各种安防应用（APP）。这些应用或者是服务于日常的安防相关工作，如消防管理的 APP、公安综合治理的 APP、救援服务的 APP 等，或者是基于平台的创新型应用 APP，如专门针对儿童拐卖的应用、打击网络赌博的 APP 等，以创新的方式解决某种特定的安防问题。这些应用的功能可以是综合性的，也可以只解决某一个具体场景下的问题。例如，对于通过在明星演唱会上应用人脸识别技术来抓捕逃犯这样一个场景，就可以开发一个针对性的专门应用，这样每一个举办大型活动的主办方都可以安装使用，而无须考虑人脸识别算法如何实现、人脸数据库如何选择和连接等技术层面的问题，只要一个简单应用就能调用不同的数据库，采用最先进的人脸识别技术，实现防止在逃人员进入活动现场的目标，降低活动现场的危险等级。作为副产物，这样一个简单应用的报警功能，还能帮助公安机关破获案件，追踪抓捕在逃的人员。

（五）安防互联网平台的价值

情报共享促成协同作战，而非协同作战以求情报共享。传统安防时代，一旦有安全事件发生，相关各部门联合交换相关情报，并在此基础上组建联合项目组（如专案组或者灾难应急指挥部等）。而在智能安防时代，联合项目组（专案组或应急灾难指挥部等）的组建是基于对开放的安防平台数据的分析，形成联合项目组的人员和职能构成建议方案，并据此组建更加符合需求的团队。简而言之，安防互联网平台就是推动公共安全领域联合作战的方式，从先组队后共享数据的方式，转变为先调用并分析数据后组建团队的方式。

因此，依托一个通用平台，通过共享数据的方式来促进用户之间的协作，而不是通过用户协作的方式来达成数据的共享，将彻底改变不同地域、不同领域的安防部门之间的合作方式和解决问题的模式，极大地提高各部门协同作战的能力。基于相同的数据，和同样的平台能力（包括计算能力、算法等），面对同一个安全问题时，不同用户（部门或者团队）之间应该得出相似的结论，形成基本统一的应对方案。然后，根据安全问题的不同属性，和应对方案的整体安排，由某一个用户重点负责，其他相关用户协同配合，有主有次，快速形成方案决策，并完成临时团队的组建。

综合而言，算力由物理层的设备、边缘层和云基础设施提供，算法集成在平台层和应用层，数据由物理层采集后，在边缘层和云端汇聚，成为整个智能安防系统的血液，携带着信息被不同的应用调用、分析。通过将各个维度的安防数据汇集成一个通用的资源池，数据资源和算法结合，生成一个整体上可以媲美甚至在很多方面超越人类能力的智能，彻底改变安防工作的底层逻辑。在安防这个高度依赖情报支持开展业务的活动中，将数据的价值充分体现。

（六）安防互联网平台建设的推动

安防互联网平台的建设需要各利益相关方的共同推动才有可能实现。这里面包括摄像头、传感器、机器人、无人机等各种硬件设备的研发、设计、生产机构，算法、软件、云计算技术和平台供应商等信息技术企业，系统集成、工程建设、报警服务等配套服务企业，以及包括公安部门、城市管理部门、应急管理部门等在内的安防相关责任机关，民政部门、社会组织等民生服务机构，还有工信部门、科技部门等产业服务机关等各方面的机构。高效协调这些机构的工作，调动各方力量以形成合力，共同推动安防服务平台建设的难度可想而知。

工业领域有一个经验可以借鉴。在工业和信息化部等部门的指导支持下，由中国信通院牵头成立了工业互联网产业联盟，以聚集与工业互联网、智能制造等主题相关的各方机构，共同推动行业的发展研究、标准制定、案例建设、模式推广等方面的工作。自成立以来，工业互联网产业联盟已经发展了1200个各类型会员，聚集了我国在工业互联网领域最核心和最优秀的一批企业和组织，推动了工业互联网在多个细分子领域的落地应用，成为推动我国工业互联网发展的最核心的力量。同样，我们也应该在安防领域建立一个类似的组织，在国家相关部门的支持下，通过搭建一个沟通交流的平台，促进产业内部的沟通，推动安防产品的标准化、数据标准的建设，案例研究和样板项目建设，先进模式推广等各方面的工作。

安防互联网产业联盟的建设将会成为我国推动安防智能化发展、提升我国智能安防产业竞争力的重要手段。

安防互联网平台的发展将给人工智能技术在安防领域的应用提供必要且坚实的支撑，为人工智能技术与安防需求场景相结合的一个个应用（APP）的生长提供土壤和肥料。

第七章 ●····

智能安防的主要技术

顾名思义，智能安防是由智能和安防两者结合而来。那么，智能安防技术也可以分为安防技术和智能技术两个部分来理解。传统安防的运作模式可以理解为是安防技术与人类智能（生物智能）的结合。安防技术所起到的主要作用是人类感知世界的能力的延伸。一个小小的摄像头，让我们可以从不可能的空间角度观察并记录周围世界的变化，也让我们能在不可能的时间持续不断地观察并记录周围世界的变化。地震监测技术让人类能有机会提前感觉到来自地底的轻微震动。消防技术让人类能把完全无法接近的大火扑灭。我们已经掌握并应用了很多已经非常先进的安防技术，但如何理解、使用通过这些安防技术所获取的信息，仍然必须通过人类智能才能完成。

智能安防的运作模式则可以理解为是安防技术与人工智能（或者说机器智能）及人类智能的结合，或者说传统安防模式与人工智能技术的结合。智能安防是通过在传统安防模式中引入人工智能技术，在一定程度上增强甚至替代人类智能的部分职能，以提高安防的效率和效果。那么，人工智能究竟在哪些部分可以增强或者替代人类智能呢？在讨论这个问题之前，我们需要先了解一下人类智能的运作方式。因为人工智能技术的发展基本上就是机器对人类智能的模仿。这可能也是这些技术为什么没有被称作机器智能，而被称为人工智能的原因吧。

通常来说，我们认为人类之所以有智能是因为具备两个功能：一个是记忆；一个是学习。而事实上，记忆和学习是几乎所有生物的通用能力，尤其是那些具备大脑和神经系统的生物。甚至最新的研究发现，没有大脑的单细胞生物也能够感知外界的刺激，并根据其变化模式，在下一次刺激到来之前按照预期改变自身的行为。而且，这种对特定模式刺激的反馈机制能在刺激停止后持续数小时之久。当然，脑容量的不同决定了不同物种的记忆有长有短，学习能力有强有弱，同一物种不同个体的智能水平也有好有坏。但客观来说，单纯的记忆和学习能力并没有让人类真正从其他生物中脱颖而出，成为具备特殊人类智能的人。

那到底是什么让人类成为比其他生物更智慧的生物呢？麻省理工学院的宇宙学家麦克斯·泰格马克在其著作《生命3.0：人工智能时代，人类的进化和重生》一书中认为，生命是一个可以保持其复杂性和复制性的过程，生命体本质上是信息的自我复制和进化的处理系统。更具体地说，他把生命分为3个阶段：第1个阶段是生物进化阶段。这个阶段的生命体，在其生命周期内，软件和硬件都不会改变，只能通过自然选择发生进化。例如，细菌，如果它的DNA不能让它具备分辨周围糖分高低的能力，那么它基本上就只能等死。第2个阶段是文化进化阶段。处于这个阶段的生命体可以通过文化和知识，或者说学习来改变自己的软件系统，但身体的硬件却无法通过后天的努力来做根本性的改进，只能依靠自然进化来慢慢升级。这个阶段最典型的生命体就是人。我们能持续地改进自己的软件，发现并应用新的规律，甚至发明具备一定智能的机器，但我们能对自己身体做的改进还非常有限。第3个阶段是技术进化阶段。处于这个阶段的生命体软件和硬件都可以随时升级、随意变换。例如，未来具备通用人工智能的机器人，它的进化将完全摆脱生物规律的限制。也就是说，人类超越一般生物的地方在于可以自行升级自己的软件。而《人类简史》的作者尤瓦尔·赫拉利则认为，人类之所以能进化成智人，并占据了生物链的顶端，进而统治世界是因为在距今7万到3万年间，智人经历了一场认知革命，出现了新的思维和沟通方式。这种新的思维方式最大的特点在于"虚构",也就是人开始具有想象力,并依据各种虚构的故事完成群体协作。综合来看,我们似乎可以这么认为,人类智能的最大特点在于持续通过更新自己的软件来实现硬件能力的最大化。

当前人工智能的发展思路和人类智能的进化路径一脉相承,其核心也在于通过软件的进化来最大限度地发挥机器硬件的潜能,从而能够增强人类的硬件和软件能力,并在一些人类不擅长的领域实现替代。软件的进化可以分为感知和认知两个维度。人类对世界的感知主要通过眼、耳、鼻、舌、皮肤等感觉器官(硬件)来采集信息,也就是我们常说的视觉、听觉、嗅觉、味觉、触觉等,并经由大脑储存、识别、分析,然后做出反馈。在此基础上,人类通过逻辑推理、虚构想象等认知活动补充人类感知能力的不足,放大感知活动的效应。人工智能的逻辑也是一样,需要一些硬件(感觉器官)来采集数据,并通过感知算法对采集到的数据进行分析处理,其结果用于指导人类活动,或者和智能认知能力结合,进一步增强机器及人类的能力。

说回到智能安防,人工智能技术无法替代安防技术,而是通过智能感知技术来增强、优化安防技术的数据采集能力和质量。人工智能技术也无法完全取代人类智能,只是通过和安防技术的结合提升人类对世界的感知能力,同时还能在一些特定领域增强人类的认知能力,进一步放大人类利用安防技术所获取的数据的价值。因此,我们可以从感知和认知两个维度来分别认识几个可以应用于安防领域的人工智能技术。其中,智能感知技术可以分为生物特征识别和信息特征识别两种。生物特征识别主要是为了对人的身份进行辨识和确认。信息特征识别则是为了了解人的语言、动作等行为所传递的信息是什么。

一般来说,安防的需求主要是对人身份的确认,以及在技术的帮助下跟踪、抓捕嫌疑人。但是,随着技术的不断进步,社会的复杂度也越来越高,群体性事件频出,公共安全的压力越来越大。新的环境下,我们很难只依据一个人的背景或者案底来对其危险性做出准确的判断。也就是说,我们不仅需要知道他是谁，还得知道他在说什么、想什么，只有这样才能更准确地掌握一个人的行为倾向。就像在战争期间，我们不仅要能够截获敌人的通信内容，还得能读懂这些内容的意思。另外，以安防机器人为典型代表的智能设备在将来的安防工作中将会扮演越来越重要的角色。这些智能机器都需要信息特征识别技术的支持，以保证和人类之间能够顺畅地交流和互动。智能安防时代，信息特征识别技术将让机器能够听懂、看懂人，并能和人进行无障碍的沟通。

　　从技术应用的目标角度划分，智能安防可以分为知人（identify）、知意（know）和知事（understand）3 个过程，分别对应的是生物特征识别技术、信息特征识别技术、智能认知技术 3 种技术的应用。具体来说，知人是确定人的身份，主要是应用人脸识别、指纹识别、声纹识别、步态识别等生物特征识别技术，从茫茫人海中找到一个人，并且和他在现实生活中的身份信息进行关联，从而真正确定其身份。知意的过程则是应用信息特征识别技术，了解一个人的语言、动作、表情等所传达的信息和代表的意思，从而能够明白这个人的意图。知事，是综合前面两个部分的信息，运用深度学习、知识图谱等智能认知技术，进行分析、判断，知道一个人将会采取什么行动、带来什么后果、应该如何应对等。3 个过程的综合应用，才能达到对一个人的想法和行为进行一定程度的预判，预测其下一步的动作，预防其可能带来的危害。当这些技术应用的对象不是一个人，而是一个群体时，系统性地对安全问题进行预测、预警、预防的目标就有可能得以实现（图 7-1）。

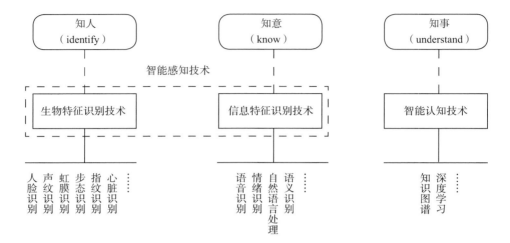

图 7-1　智能安防相关技术分类

一、生物特征识别技术

理论上，生物特征是指所有具有普遍性、唯一性、稳定性、可采集性的生理特征和个人行为特点。生物特征识别就是通过技术手段提取人体的生物特征，并将这些特征与数据库中的数据进行比对，进而完成身份识别的过程。

生物特征识别是为了辨别或者确定目标对象的身份，回答他是谁（WHO）的问题？目前，技术较为成熟，应用场景也比较丰富的生物特征识别技术主要有：人脸识别、声纹识别、虹膜识别、指纹识别等，另外，还有一些发展中的生物特征识别技术，如步态识别、指静脉识别、心脏识别等。这些识别技术所采集的生物特征各有特色，采样部位也各不相同，但识别的过程基本遵循同样的逻辑，有一个通用的过程。一般来说，通用生物特征识别系统应包含数据采集、数据存储、比对和决策等子系统（图 7-2）。

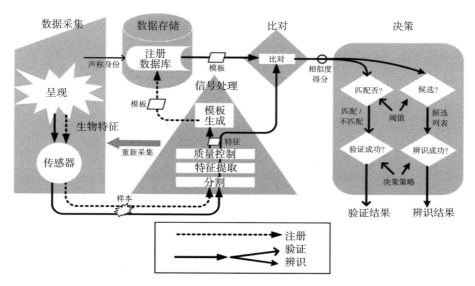

图 7-2　通用生物特征识别系统概念

来源：《生物特征识别白皮书（2017 版）》。

　　从识别设备与目标对象的相对位置关系角度，我们可以把生物特征识别技术分为远程识别和近场识别两种。其中，远程识别技术指的是可以远距离完成关键数据的采集和提取。例如，人脸识别技术可以通过高清摄像头，在几十米外完成人脸图像的拍摄，还能保证关键的人脸特征数据不丢失；步态识别更是要求在较大尺度的空间中，采集目标对象的行为特征数据，通过对动作行为和姿态的比对分析进行身份认定。而近场识别技术则要求被识别对象与识别设备之间的空间距离足够小，以保证相关的特征数据能够完整采集。例如，指纹识别、虹膜识别、指静脉识别等，都需要目标对象和检测设备尽可能靠近，甚至物理接触的情况下，才能有效完成特征数据的采集。两种不同模式的识别技术对于安防场景的适用性也不同。远程识别技术更适合开放场景的安防需求，而近场识别技术更适合于卡口场景的安防需求。

　　从识别的方式角度，所有生物特征识别技术都可以分为辨认和确认两种。辨认就是通过某种生物特征信息把目标对象从一群人中分辨出来，是一个 1：N

搜索的问题。辨认型的识别更适合于开放场景下，从人群中锁定某一个特定的目标，或者是在卡口场景下，通过与预设数据库的比对来搜索某些特殊人员。例如，通过卡口设备拍摄人脸图像，并与在逃犯罪嫌疑人数据库进行比对，从而把经过卡口的犯罪嫌疑人抓取出来。确认则是通过某种生物特征信息的比对，确定目标对象的身份，是一个1：1确认的问题。确认型识别适合于在卡口场景下对目标对象身份的确定。例如，机场、车站等卡口，通过人脸与身份证信息的比对来验证人员的身份。

不同生物特征识别技术的成熟度和市场应用情况差别很大。技术层面来看，指纹识别是发展时间最长、目前应用也最广的一种生物识别技术。得益于人工智能技术，主要是深度学习算法的支持，人脸识别技术在准确率上终于超过了人类，也促使人脸识别的应用场景被快速打开，在生物特征识别技术的市场份额提高很快。其他的生物特征识别技术都还处于技术和市场的早期积累阶段。其中，随着各种智能产品的普及和人们安全保护意识的提升，声纹识别和虹膜识别两种技术的未来市场前景较好。

应用场景是生物特征识别技术发展的基础。传统的生物特征识别技术的应用场景主要是以民用的身份验证和警用身份验证两种为主。其中，民用身份验证是最大的市场，主要包括电子护照、移民和选举等对公民身份的控制和确认及其他和政府的公民信息管理有关的应用场景。警用身份验证则主要用于大规模的指纹库、人脸库等强制身份信息采集和认证，是仅次于民用身份认证的第二大生物特征识别市场。两者共同占据了生物特征识别超过6成的市场。

技术的发展也在促使着应用场景的创新和市场变化。人脸识别技术的发展，一方面得益于人工智能技术的加持；另一方面各个国家、地区对于公共安全的重视程度提高，大量政府主导的大型项目上马。但从另一角度来看，人脸识别准确度的提高也催生出来一些新的应用场景。例如，智能摄像头等视频监控的实际应用价值由于人脸识别技术的作用而大幅提高，也促使在整个生物识别技术的市场中，视频监控的份额在快速提高。在金融领域，以人脸识别为核验手段的远程开户、移动支付等新的场景也日益增多，因此，民用身份认证市场也在以前主要面向移民、护照等公共身份确认之外，开拓出来新的方向，市场份额也得到了较快的增长。

在人工智能技术应用之前，对人身份的确定通常采用标签识别的方式。我们常用的身份证号码（尤其是第一代身份证，是没有内置芯片的，上面只是载明了包括姓名、身份证号等在内的一组身份信息）、驾照号码、护照号码等都是标识我们身份的标签。在深度学习技术的推动下，生物特征识别技术得到了快速发展，并在身份确认等场景成功应用。生物特征识别技术的应用可以分为3个阶段。仍旧以视频监控为例，第1个阶段为以图搜图，就是说通过一张图片来检索数据库，从中找出相似或相同的图片。例如，通过一张人脸的图片，检索人脸数据库，从而完成对这个人身份的辨认及确认工作。以图搜图阶段应用的技术主要是以人脸识别为代表的机器视觉技术。第2个阶段是以图搜视频，用一张人脸的图片从视频流中把所有这张人脸出现过的场景全部检索出来，以供进一步的分析使用。这个阶段工作的技术难度、复杂度、对算法和算力的要求都比第1个阶段要高很多。以图搜视频仍然基于人脸识别等机器视觉技术。但以图搜视频的应用对于犯罪分子的追逃、抓捕，公共场所的治安防空等都有很重要的价值。第3阶段是以视频搜视频，可以根据一段视频的信息从另外一段视频中把相关的内容检索出来。这里涉及的技术基础就不仅仅是人脸识别等机器视觉技术，还有更重要的是以步态识别为代表的形体姿态识别技术。以视频搜视频的应用将会为视频监控数据的使用创造出很多新的模式，从而极大地提高监控视频的利用率和价值（图7-3）。

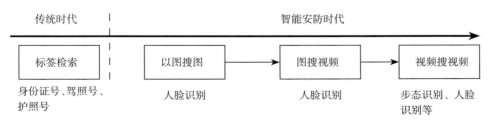

图 7-3 身份识别技术的进化

（一）人脸识别

俗话说"千人千面"，没有任何两张脸是完全一样的，即使是双胞胎，实际上其面孔也存在细微的差别。外人不易察觉，但每日相见的父母亲人还是能够准确地分辨的。正是基于人脸特征的唯一性，人脸识别才能成为生物特征识别的一种方式。简单来说，人脸识别就是基于人的脸部特征，通过人脸图像的检测、采集，并和预设的人脸数据库进行比对，进而确定人脸身份的过程。整个人脸识别的过程可以大概分为3步：第1步，通过活体图像采集或者照片，建立一个人脸数据库。例如，最典型的人脸数据库就是我们都非常熟悉的身份证数据库，每个人在办理身份证时都需要拍摄一张专用的照片，这张照片所载的人脸图像就组成了一个十几亿人的数据库。这个数据库实际上也就成为进行正式的身份确认时，最权威的数据库。这些人脸数据都会生成一种可以称作"面纹（faceprint）"的编码信息存储下来，以备后续查用。第2步，是通过摄像头等设备采集当下的人脸图像，并生成"面纹"数据。我们已经习惯于在机场、火车站等使用自助系统办理安检等手续，这就是现实生活中采集人脸数据的场景。第3步，通过当前人像和数据库的人脸数据进行比对，对比各自的"面纹"特征值，进而确定两者是否为同一个人。就像前面提到的，我们在火车站、飞机场等办理相关手续时，就是通过实时拍摄的人脸图像和身份证的信息比对来进行身份的确认，而那些终端检验设备调用的就是这个身份证数据库的人脸数据。当然，由于身份证数据极其庞大，目前阶段，算力还无法做到直接通过图像在数据库中检索，而是需要通过刷身份证的方式来实现快速检索数据库，并将该身份证对应人的人脸数据提取出来，从而实现和现场拍摄的人像图片比对的目的。未来，在算力能够支持的条件下，直接通过人脸数据来检索身份证数据库，进而完成比对和身份信息确认的情境下，我们再出入车站乘车时就不需要再带身份证了，直接刷脸就可畅通无阻。

技术实现层面，人脸识别的过程可以分为：人脸图像采集、人脸检测、人脸图像预处理、人脸图像特征提取、人脸特征比对等。人脸图像的采集主要就是静态的照片和动态的视频两种，都可以通过摄像头来完成。紧接着，在拍摄的照片或者视频中，需要确定是否有人脸，其大小如何、位置在哪里等。这个过程就是人脸检测。一般情况下，人脸图像采集和检测通常可以作为一个过程，就像在数码相机和智能手机上已经很常见的"笑脸快门"技术，其实就是一个人脸检测和采集的普及应用。系统自动识别人脸的位置，并根据人脸结构的相对特征来判断该人是否正在微笑，依此来触发相机快门，从而将笑脸状态拍摄下来。从安防角度看，人脸检测也非常重要，准确识别人脸的位置，就有可能通过后台算法动态调整相机的焦距，从而保证人脸图像的清晰，并通过人脸图像实现对目标位置的动态锁定和跟踪。

理论上，采集到人脸图像之后，就可以进行人脸特征数据的提取了。但实践中，在提取人脸特征数据之前，还需要对人脸图像做一些预处理。原因是摄像头拍摄的人脸图像信息，常会受天气、光照等因素的影响，导致图像质量无法满足无法直接使用的要求。那么，在进行人脸特征数据的提取之前，就需要对原始图像进行光线补偿、灰度变换、几何校正、锐化等处理，以使其能够最大限度地满足人脸特征数据提取的要求。

接下来就进入最关键的人脸生物特征提取过程了。人脸特征提取，也叫作人脸表征，实质上就是对人脸进行特征建模。人脸由嘴巴、鼻子、耳朵、眼睛等器官组成，对这些器官本身和它们之间结构关系的几何描述就可以作为表征人脸的重要特征。主流的人脸表征的方法也正是根据对人脸各器官的形状进行数字描述，加上器官之间的距离特性数据，如特征点之间的角度、欧氏距离、曲率等，共同构成标识人脸特征的数据。

有了人脸特征数据，就可以和数据库中的数据进行比对分析，从而确定人脸的身份，完成最后的识别过程了。在比对识别过程中，有一个参数非常重要，就是对于相似程度设定的阈值。如果采集的人脸特征和数据库中已有的人脸特征的相似度超过这个阈值，那么系统就认为这是同一个人。反之，则系统判断为非。那么，这个阈值的设定就非常关键，对于一些安全性要求高的场景，如金融支付、关键部门的安检、人证比对等卡口场景等，阈值就应该设置的很高，以确保识别的准确性。对于一些安全性要求不太高的场景，如人脸识别签到、视频检索以缩小犯罪嫌疑人范围等，阈值的设置就可以相对较低，以保证较高的通过率。

因此，人脸识别的全过程可以概括为，将待识别的人脸特征与已得到的人脸特征模板进行比较，根据相似程度对人脸的身份信息进行判断。

1. 应用场景

人脸识别技术本身已经在包括金融、支付、民政、系统和机器的登录、物理门禁等很多场景中获得了应用。但从应用的广度和成熟度来看，目前，人脸识别最重要的应用场景是在安防领域。从日常的案件侦破、网上追逃到大型活动的安保、反恐防暴等各种安防的典型场景中，都有人脸识别技术的支持。从技术的应用模式角度看，人脸识别在安防领域的应用可以分成 1：N 场景下的辨认模式和 1：1 场景下的确认模式两种，分别对应很多各种各样的实际生活场景。表 7-1 罗列了其中一些较为典型的场景作为示例，实践中应用人脸识别技术进行安防工作的情况远不止这些。而且，随着人脸识别技术的准确度进一步提高、成本进一步降低，以及带摄像功能的终端设备越来越多，人脸识别技术的应用场景还将会不断增加。未来的生活中，人脸就是通行证，"刷脸"真的会成为日常生活的常态。

表 7-1　人脸识别技术的安防应用场景举例

应用模式	应用场景	应用特点
辨认	出入境管理	过滤敏感人物（如间谍、恐怖分子等）
	嫌疑人照片比对	卡口场景下确认嫌疑人身份
	敏感人物监控	监控恐怖分子、在逃人员、间谍等特殊敏感人物
	网上追逃	通过网络或移动设备进行比对
	重要代表身份识别	防止非法人员进入会场等特殊空间
	关键场所视频监控	在银行大厅、机场、车站等开放空间，辨识可疑人员

应用模式	应用场景	应用特点
确认	护照、身份证、驾照等证件查验	海关、港口、车站等卡口场景下查验确认持证人的身份
	物理空间门禁	确认人员身份、避免钥匙、密码等丢失造成损失
	信息系统门禁	电脑、手机、网络等登录确认，避免密码等被盗带来的风险
	用户身份验证	金融、支付等场景下确认用户身份
	特定人员身份验证	幼儿园接送等特殊场景下确认来人的身份

2. 优、劣势

人脸识别是典型的远程识别技术。这种技术的一个最大优势在于其数据采集过程能够在不被目标对象察觉的情况下完成，不会对目标对象带来太大的心理压力，识别的过程也不会对目标对象的身体或者精神有负面的影响。因此，一般情况下，目标对象也不会刻意伪装或者欺骗。良好的便利性和识别过程的体验让人脸识别的应用场景非常广阔，市场份额也快速增长。

人脸识别技术的劣势和优势一样明显。最大的问题在于人脸的易变性和相似性两个方面。人脸的变化往往很大，一种是随着年龄的增长带来的自然变化、皮肤老化松弛等。还有一种是人为的变化，如化妆、整形等非自然的形状调整，以及佩戴口罩、眼睛等遮盖物带来的人脸特征数据的损失等变化。就像在一些有预谋的犯罪活动中，犯罪分子会通过粘贴假胡子、戴口罩和墨镜等方式来进行伪装一样，对于很多有特殊目的的人群，如何通过伪装来欺骗监控摄像的识别是一门必修课。人脸外形的易变给识别的准确度带来了很大的挑战，但深度学习技术的应用，加上数量庞大的人脸数据用于模型的训练，使机器对于这些人脸变化的判断能力大幅提高，已经超过了人类对于此类问题的识别水平。另外，人和人之间的相似性其实也是对人脸识别技术的一个挑战，但其严重程度远不及易变性带来的挑战，主要影响的还是从数据库中检索出符合目标人脸特征的数据的难度。除此以外，人脸识别的应用还有一个难点在人脸特征数据采集过程中，如何在光照条件不佳、角度不好等情境下获取高质量的人脸图像。图像质量不好也会对后续的特征提取、比对等识别过程带来很大的影响。

传统的人脸识别技术都是针对二维图像的，虽然在识别率上已经超过人类的能力，但是存在一些硬伤，如由于其识别的是二维图像，因此，很容易被照片欺骗，为了避免被骗，只能要求用户对着镜头做眨眼、微笑、努嘴等动作，以确定是真人现场认证，俗称活体检验。这个方法虽然确有效果，但也实在烦琐了一点，对用户的要求也有点儿高，事实上让人脸识别技术本来具备的数据采集过程自然便利、体验友好等优势大打折扣。好在技术仍在不断进步，不仅是在传统算法基础上对于准确率的提升，更在于新的识别技术和模式的出现。尤其是，三维视觉技术的发展终于让我们有机会可以眼都不用眨，就能完成人脸数据的采集和识别，并且能够确保是真人而不是照片。

3. 三维视觉技术

所谓三维视觉，就是在原来二维图像的基础上，增加了一个深度值，从而大幅提高识别的准确度。别看只是增加了一个维度值，其影响还是非常重大的。一方面，传统的摄像头无法完成深度数据的采集，三维视觉技术的实现要依靠新的硬件，深度相机。由于多了一个数据维度，数据量也会有数量级的增加，对后续的数据处理、分析、比对等能力要求都响应有所提高。总之，应用三维视觉技术的识别方案成本会明显增加。另一方面，三位视觉技术的应用极大地提高了人脸识别的准确性和安全性，为人脸识别打开了很多高安全要求的应用场景。除去刷脸开机这种系统登录、解锁的场景之外，包括刷脸支付这样的敏感场景也开始大规模应用三维视觉技术。

技术层面，三维视觉技术有 3 个主要的流派，分别是结构光法、飞行时间计算法（ToF）和 RGB 双目法。3 种方法各有特点，其中结构光法是通过主动发射光到目标物体，通过投影目标物体的图案来提取特征、实现识别。结构光法识别率较高，在光线不足的环境下也能很好使用。但是，强光条件下的效果不好，测量距离不易太远，一般在 10 米以内。苹果公司的 Face ID、支付宝的刷脸支付系统采用的都是结构光法。飞行时间计算法（ToF），是 time of flight

的直译，是通过主动向目标物体发送光脉冲，然后利用传感器接收从目标物体返回的光，计算光在发射源和目标物体之间飞行的时间来确定距离。相对来说，飞行时间计算法的探测距离较远、二次开发成本低、资源消耗少，对光照条件、物体的纹理结构等要求不高，但容易出现重反射的问题，在户外环境下的应用效果不是太好。华为手机的识别方案采用的就是 ToF 方法。RGB 双目法的原理与结构光法、飞行时间计算法不同，不主动对外投射光源，完全依靠接收目标物体的光线，通过拍摄的两张照片的对比来计算目标物体各部位的深度，是一种被动式测量方法。原理上，RGB 双目法更类似于人眼。RGB 双目法对光照条件、物体的纹理等敏感度都比较高，容易受影响。识别距离通常也比较近，随着距离的增加识别精度会大幅降低。

无论是哪种方法，随着技术的不断改进，其应用空间都会进一步被打开，可预期的应用会越来越多、越来越丰富。在安防领域，由于三维视觉技术能够比较有效地解决由于遮挡、光照条件不好、角度不佳等物体及环境特征造成的误识率偏高问题，对于安防场景的价值非常大。在一些边检、反恐等场景下，三维视觉技术已经开始得到应用，并且有些地方已经开始建设省级的"三维人脸数据库"。尽管说目前阶段，对于整个大的安防产业来说，三维视觉技术的渗透率还很低，但未来一定会得到广泛的应用。

（二）声纹识别

"一语未了，只听后院中有人笑声，说：'我来迟了，不曾迎接远客！'黛玉纳罕道：这些人个个皆敛声屏气，恭肃严整如此，这来者系谁，这样放诞无礼？"这是《红楼梦》中描写王熙凤出场时的一段话，也是表现"未见其人、先闻其声"的经典片段。黛玉从未见过王熙凤，也没有听过王熙凤的声音，所以会纳闷这个放诞无礼的人是谁。但在场的其他人之所以会敛声屏气、恭肃严整，恰恰就是因为大家都通过这个声音知道是二奶奶来了。

生活中，声音是我们认知世界的一个重要媒介。我们会很自然地通过声音来分辨熟悉的亲人、朋友、同事，也能准确地知道给动画片配音的是我们熟悉的哪个演员等。只要我们多听几遍某个人说话，建立了说话的声音和这个人之间的关联，那么下次再听到这个声音时，大脑就会自动判断这个声音对应的是哪个人了。但是，为什么我们可以通过声音来确定一个人的身份呢？关键的前提条件是声音的独特性和唯一性，就是说每个人的声音都各不相同。如果利用电声学仪器，把这种声音所携带信息的独特性和唯一性通过声波频谱的方式表现出来，就是我们所说的"声纹"。这样，我们就能通过声纹特征对不同的声音进行区分。

人类的声音特征主要由人的发声器官决定。一方面，人的口腔、舌头、牙齿、喉头、肺、鼻腔等发声器官的大小、位置、形状等都不完全一样，决定了声音频率范围各不相同，有的人声音尖利、有的人声音低沉、有的清澈、有的沙哑等。另一方面，对发声器官的使用方式不同，也会导致声音特征的差异。有人能够惟妙惟肖地模仿别人说话，其实就是模仿别人使用发声器官的方式。而我们仍旧能够分辨出来哪些是模仿，是因为使用方式的相似改变不了发生器官本身的形状、大小等物理特征，因此，也无法改变一个人独有的声纹特征。

简单来说，声纹识别，也称为说话人识别，就是通过采集一个人的声音，提取其声纹特征，并与已有的声纹特征数据库进行比对，进而判断这个声音所对应的人的身份。声纹识别的过程和其他生物特征识别类似，也分为声音采集、特征提取、比对分析、决策判断等几个过程。在识别模式上，也和人脸识别等生物特征识别技术一样，可以分为说话人辨认和说话人确认两种。说话人辨认是通过一段声音从一群人里面找到说话人，是一个 1：N 检索的问题，更适合于开放场景下对说话人进行过搜索。说话人确认是通过声音比对来确认一个人是不是目标说话人，是一个 1：1 验证的问题，更适合在卡口场景或者远程身份认证过程中使用。

和人脸识别不同，声纹识别有文本关联识别（text-dependent）和文本无关识别（text-independent）两种。文本关联识别要求目标说话人按照预设的规定内容发声，因此，为说话人建立的声纹模型和发声的内容直接相关。识别时，说话人也必须按照同样的内容发声，否则就会被判定为不相同。这样可以排除因为内容不同而带来的干扰，极大地提高识别的准确度。文本无关识别则不规定说话人的发音内容，用户使用方便，但识别难度较大，模型建立比较困难，对技术的要求更高。两种模式的应用场景也有所不同，文本关联识别适用于说话人确认的场景，尤其是卡口场景或者一些特定的身份认证场景，如金融交易过程、网络远程证券系统等。文本无关识别则更适用于说话人辨认的场景，如案件侦查、通信监听等一些开放场景。

1. 应用场景

目前，声纹识别技术已经在包括智能硬件、金融交易、社保核验等领域得到了较为广泛的应用。以苹果公司的 SIRI 为代表的智能助手，事先通过录音的方式采集主人的声音特征，就能准确识别主人的唤醒词，并很好地理解主人所表达的意思，完成人机之间的互动。而百度开发的智能音箱产品，当前已经可以做到不需要唤醒词，在嘈杂的人群中主动识别主人的声音，并能分辨哪些是主人给自己的指令，哪些是人和人之间正常的聊天对话。这些过程中，都同时包含了声纹识别和语音语义识别技术的融合应用。银行、证券等行业在远程开户、系统登录、交易确认等场景中，声纹识别也逐渐得到了认可，获得了越来越多的应用空间。尤其在社保参保人员的核验中，声纹识别发挥了巨大的作用。对于领取养老金的社保参保人员，每年都需要进行一次生存状态的核验，确保其仍未过世，符合养老金发放的要求。传统做法是要让参保的老人每年到现场进行确认或者由社保工作人员或社区服务人员上门确认，不仅成本高，还不易操作。声纹识别技术的使用，让老人们只要打一个电话，就可以完成生存状态核验，简单高效。

声纹识别技术在安防领域的应用场景更加丰富。基本上，说话人辨认方向的应用主要集中在国防、公安的嫌疑人身份查找，关键人监听，案件侦破过程中嫌疑人身份的确认等场景，而说话人确认方向的应用则主要以门镜、系统登录、硬件设备登录、证件防伪、机器人控制及特殊通话人的身份确认等场景下。声纹识别技术在安防领域的广泛应用无疑将会极大地提高案件侦破的效率和相关场所、系统等的安全水平。但是，考虑到目前阶段声纹识别单一技术还是有可能被攻破，进而给公共安全带来大的影响。因此，一般情况下，声纹识别不会用作单一的技术手段，而是会和其他生物特征识别技术共同应用。但是，在未来大量人和机器协同工作、人和机器相互陪伴的场景下，声纹识别独立应用的空间将会越来越大（表7-2）。

表 7-2　声纹识别技术的安防应用场景举例

应用模式	应用场景	应用特点
说话人辨认	绑架勒索人员身份识别	通过录音查找嫌疑人或缩小侦察范围
	群体事件嫌疑人身份识别	通过录音查找嫌疑人或缩小侦察范围
	关键人识别	军事侦察中通过声音识别关键人
	犯罪嫌疑人身份确认	案件侦破过程中利用声音锁定嫌疑人
	国防监听	对间谍等关键人的监听
说话人确认	特殊通话人身份确认	涉密电话、监狱亲情电话等对于通话人身份的确认
	机密场所门禁	和其他识别方式共用，确认人员身份
	信息系统登录	金融交易、支付、网络系统等远程登录确认
	硬件设备登录	电脑、汽车等设备的声控锁
	安防机器人控制	声纹确认身份后通过语音控制安防机器人
	证件防伪	把含有声纹的芯片嵌入卡片中，通过声纹辅助确认证件的真伪

2. 优、劣势

相对于其他生物特征识别技术，声纹识别最大的挑战在于声音的可变性更强。一是发声器官随着人体的生长发育在不断变化，导致声音的特征也在持续变化。而且发声器官受遗传基因的影响较小，代与代之间的相似性几乎可以忽略不计。成年之后，虽然发声器官的物理状态不会再有大幅度的变化，但人的精神状态、身体状况、情绪、说话方式等都会影响对发声器官的使用，造成声纹特征的变化。二是采集设备效果和环境噪声对声音特征的影响更明显。例如，多人混合的情形下，说话人声纹特征的提取难度就会明显增加。

因此，要达到一定的识别准确度，声纹识别模型的训练要求更高，难度也更大。训练数据的性别比例要保证一定的合理分布，通常需要控制在 50%±5% 的范围内，并且要包含不同年龄段、不同地域、不同口音、不同职业等人员背景的声音数据。同时，训练数据样本还要覆盖文本关联识别、文本无关识别等不同模式的数据，以及采集设备、传输信道、环境噪音、录音回放、声音模仿、时间跨度、采样时长、健康状况和情感因素等影响声纹识别性能的主要因素。

当然，虽然在技术上有一定的难度，但声纹识别还是有一些其不可替代的优势，值得我们去进一步努力提高技术能力，克服困难。首先，声音的采集相对来说更加方便、自然，可以在说话人不知不觉中完成。采集和识别的成本也不高，基本上有一个麦克风就可以了。其次，相比人脸来说，人们对于声音的保密意识还比较弱。潜意识里，人们会把人脸作为很重要的个人特征信息来看待，但对于声音却没有那么在意。因而，使用者对声音识别的接受程度会更高。再次，声纹识别还有一个非常重要的特点，就是高度适合远程进行身份确认，在使用手机、电脑或者其他具备通信功能的设备进行通话过程中就能完成身份的识别和确认。在当今互联网和移动通信高度发达的情境下，包括远程开户、系统登录、交易确认等越来越多的远程操作需要通过声纹识别来进行身份识别。最后，也是最重要的，声音是最适合人和机器之间直接进行沟通的信息传递方式，而未来人与机器的互动、人在虚拟世界的生存将会占据人类越来越多的时间。因此，声纹识别将会成为人与机器互动、人类进出虚拟世界的核心身份确认方式，成为未来最重要、应用场景最丰富的生物特征识别技术。

（三）步态识别

一般来说，生物特征识别还可以进一步分为生理特征和行为特征两种。生理特征主要是指那些基因决定的、后天很难更改的生理器官特性，如指纹、虹膜等；行为特征则是指人在后天成长过程中形成，并在一定时期内或者成年之后趋于稳定的一些动作、行为习惯，如字迹、步态等。

步态，通俗来说，就是人走路的姿态。虽然说，后天成长的环境和习惯对走路的姿态有很重要的影响，但是步态本质上还是由一个人的身高、体重、腿长、骨骼粗细等生理条件决定的。因此，理论上，每一个人的步态都是不同的，作为一种生物特征，步态是具备唯一性的。自古以来，我们对于走路姿态的不同就有很深入的观察。例如，我们形容女性走路会说轻移莲步、弱柳扶风，而男人走路则会用健步如飞；形容老人走路的姿态会用步履蹒跚，年轻人则是行步如风；走路不稳会说踉踉跄跄、跌跌撞撞；走路小心会说蹑手蹑脚等。但我们从前没有技术手段来准确描述这些走路姿态的差异，有了现代的传感器和人工智能技术，我们就可以对走路的动作姿态做定量的分析，为每个人都建立一个独有的步态模型，把每一个步履蹒跚都准确地刻画出来。

因此，从应用角度来划分，步态特征识别主要可以分为步态属性分类识别和步态身份识别两种。属性分类识别是指对人的性别、年龄、种族等自然属性做出区分，特别是在某些大型的监控场景下，根据不同的特征属性对人群进行初步分类。和人脸、声纹、指纹等其他我们熟悉的生物特征识别技术相比，针对群体进行属性分类是步态识别的一个特殊能力。身份识别则是根据人的步态特征对特定对象的身份进行查找、确认等。利用步态特征进行身份识别的前提是要事先对目标对象的步态特征进行提取，建立相量的步态数据库。一般来说，属性分类识别对于视频分辨率、视角等图像质量的要求较低，使其难度和成本都相对较低，而身份识别对于视频质量的要求更高，识别的难度和相应的成本都要更高。在实践应用中，步态识别还会受拍摄视角、衣着、携带物等外在因素的影响，而对识别的准确度造成影响。

技术层面，把步态作为一种生物特征用于身份识别研究的历史不过区区 20 年，进入 21 世纪之后，步态特征识别的研究工作才真正取得了一些进展，从事相关研究的技术人员和机构才逐渐增多。因此，当前步态识别的技术研究还处于早期阶段，有很多待突破的空间。值得关注的是，中科院自动化研究所在步态特征分析方面的研究已经处于世界前列，并且建立了一个人数最大的开放步态数据库，对步态分析技术的后续研究提供了非常重要的数据支撑。

步态本身包括两种不同的分量：一种是结构化分量，捕捉一个人的身体形状，如身高、肢体长度、步长等；另一种是动态分量，捕捉人行走过程中的运动特性，如人摆动胳膊、腿的方式等。基于这两种分量信息，步态特征识别可以分成空间特征分析和时间特征分析两种。其中，空间特征分析的方法主要有基于二维结构分析、基于三维结构分析和基于非结构分析 3 种。而时间特征分析则主要有基于周期特性的分析方法、基于动态匹配的分析方法、基于时间切片的分析方法和基于时序建模的分析方法 4 种。这些技术各有优劣，研究阶段也不太一样，但大多数还处于研发阶段，没有到实践应用的水平。[①]

1. 应用场景

目前阶段，步态识别的成熟应用场景还不多。理论上，步态识别可以用于开放空间的监控，根据性别、年龄、种族等对人群进行分类，进而缩小目标范围，提高数据分析或预测的准确度。但是，这有一个前提条件是对人群进行分类本身的需求定义很明确。现实情况是，在公共空间对人群进行数量分类的场景需求还比较有限，只有在明确某种威胁来自一个特定的群体，而这个群体又具备一个能够步态特征进行分类的属性。例如，2000 年，美国国防高级研究局 DARPA（Defense Advanced Research Projects Agency）启动了一个名叫 Human ID 的重大研究项目，意图通过智能生物特征识别，实现远距离的行人监测和识别。于是，在"9·11"事件之后，对于基地组织为代表的恐怖组织的监控就可以基于其成员的种族特征，通过步态识别的方式对大型公共空间中的人群进行分析。

另外，很多现实的应用场景下，我们并不需要很准确地知道每个人的身份，

---

① 张德，胡懋地 . 智能安防新技术：大空间建筑中基于视频的步态分析 [M]. 北京：中国工信出版集团、电子工业出版社，2016.

进而对其是否有安全威胁做出判断。而只需要知道其是否携带了特殊物品，或者状态是否有异常，以便从人群中把可疑对象区分出来。例如，对于贩毒人员的识别，一种方式可以根据各路情报，提前锁定可疑目标，并进行针对性的追踪控制；另一种方式还可以在海关、机场、车站等空间内对人群的步态进行分析，从中筛选出步态异常的可以目标，再实施进一步的盘问。有时候，造成公共安全事件的嫌疑人员在实施犯罪行为之前，其自身的行动往往会表现出某种异常，如果我们能够通过步态识别的方式提前发现这些异常状况，那么就能争取事件对人群做出预警，甚至避免事件真正发生。

另外，步态识别还可以作为复合识别方案中的一种技术，配合其他生物特征识别技术，对特定人的身份进行确认，提高识别准确率。特别是在开放场景下，通过远程识别技术进行人员身份辨认或者确认时，由于远距离拍摄的图像质量、视角等问题，人脸识别的准确度可能会大幅降低。而步态识别对于视频质量的要求相对较低，如果两种技术能够有效融合，那么整体的识别效果会明显提高。人脸识别和步态识别的融合应用也是目前研究较多的一个方向。

2. 优、劣势

步态识别和人脸识别等远程识别技术类似，都具备非接触式识别、远场识别、自然状态识别等优势。特别是在远距离识别的场景下，步态识别的覆盖范围会更大。通常来说，虹膜识别的有效距离大概为 60 cm，人脸识别的有效距离大约为 3 m，而步态识别的有效距离可以达到 50 m 以上。但除此以外，步态识别还有几个独有的特点，是其他生物特征识别方式所不具备的。

首先，走路是每一个人在公共空间中必然会采取的一种行动，除非他无法行动或者假装无法行动，需要依靠轮椅等辅助装置才能移动。也就是说，人脸特征可以通过戴帽子、口罩等方式进行遮盖，声纹特征可以通过不说话来避免被采集，但步态特征是人在公共空间中必然会展示出来的一种生物特征，无法隐藏。

其次，人脸可以通过化妆、整形的方式进行伪装，从而达到欺骗机器的目的。

但步态特征很难伪装，除非经过长时间的特殊训练，否则人走路的方式一旦改变，就会显得非常不自然，并且很难长时间持续。这样一来，不进行伪装还好，一旦伪装不好反而更容易引起注意。

另外，和人脸识别等相比，步态识别对分辨率等图像质量的要求不高，很多弱光、阴影等条件下拍摄的视频也可以应用步态分析技术。

当然，虽然步态识别具备不少的优势，在某些特定场景下也有很大的应用价值。但总体来说，目前阶段技术发展的成熟度还有待进一步提高，特别是对于身份识别的要求来说，步态识别技术的准确性还较难保障，需要和其他生物特征识别技术配合使用。

（四）其他生物特征识别

前面我们介绍了人脸识别、声纹识别、步态识别 3 种远程生物特征识别技术。这几种生物特征识别技术的快速发展都和人工智能有密切的关系。深度学习的出现让人脸、声纹、步态等成为可以通过机器进行准确识别的生物特征。同时，这些识别技术不需要人做特殊的配合，在自然状态下就可以完成特征数据的采集，因而在未来安防领域将会获得很多的应用场景。

当然，除了以上 3 种之外，还有很多针对人体生物特征的识别技术。例如，目前阶段在生物特征识别领域占据最大份额，也是大家最为熟悉的指纹识别；以人体内部器官作为特征采集对象的虹膜识别、指静脉识别等。这些技术的发展程度不同，市场应用情况也很不一样。指纹识别技术相对已经非常成熟，应用也非常广泛，是目前市场占有率最高的生物特征识别技术。但由于技术本身的一些劣势，应用场景较为局限，市场空间正在被其他日渐成熟的识别技术抢占。虹膜识别技术的历史也很悠久，技术成熟度也比较高，但受制于成本方面的约束，仍然旨在一些非常特别的场合下获得了规模化应用。指静脉识别是一种相对较新的技术，安全特征明显，随着市场需求的变化未来有可能会获得更多的应用空间。

1. 指纹识别

指纹是指人类手指末端凹凸不平的皮肤纹路。指纹识别就是通过采集、比对手指皮肤纹路的特征点来进行身份确认的一种生物特征识别技术。指纹识别是技术最早获得突破、得到了最大范围应用的识别技术。

指纹的特征可以分为总体和局部两种。总体特征就是那些人类肉眼可以分辨的特征，包括纹形、核心点、三角点、纹数等。局部特征就是指纹细节部分的特征。指纹的纹路并不是连续、光滑的，经常会出现分叉、折转或中断。这些交叉点、折转点或断点就都被称为"特征点"。正是特征点的存在让指纹具备了唯一性。特征点主要包括方向，也就是相对于核心点，特征点所处的方向；曲率，即纹路方向改变的速度；位置，即节点的位置坐标，通过绝对坐标，或者与三角点或其他特征点的相对坐标来标记。

指纹特征的采集技术主要基于光学技术、半导体硅技术、超声波技术 3 种。3 种技术各有优劣，光学技术相对更加成熟、稳定，成本低，但设备小型化难度高，对于手指的表面状态要求较高，一定程度上限制了该技术的应用。硅技术可以在 1 cm × 1.5 cm 的小表面上获得很高的分辨率，从而获得比光学技术更好的图像质量。因此，基于硅技术的识别器件能被集成到更小的设备中，扩展了指纹识别技术的应用空间。而超声波技术较好地克服了前面两种技术的缺点，产品能够达到最好的精度，同时对手指和平面的清洁程度要求较低，未来将会获得更多的发展空间。

单纯从技术层面考虑，指纹识别有几个劣势，一是单一手指的特征信息不够，容易发生重复或者无法识别的问题。解决办法也很简单，就是多采集几个手指的指纹信息。海关要求我们同时提供 10 个手指的指纹信息也是基于这方面的因素考虑。二是指纹信息很容易被获取，几乎在任何我们手指触摸过的表面上都会不同程度地留下我们的指纹信息，这给指纹识别技术的安全性构成了巨大的威胁。因此，虽然市场份额巨大，但指纹识别技术目前主要还是应用在考勤、门禁等一些非关键场合。但是，从另一角度考虑，指纹特征的这种易获得性对于公共安全防范，尤其是案件侦破工作又提供了极大的便利性。

基于生物特征识别技术整体的发展态势，尤其是以人脸识别、声纹识别等为代表的非接触式、远程识别技术的发展，指纹识别作为单一特征识别的场景未来会越来越少。更有可能的情境是，指纹识别作为多模生物特征识别技术方案中的一种，在一些特定的卡口场景下，和其他识别技术一起发挥作用。

2. 虹膜识别

虹膜识别技术是以人眼睛中的虹膜作为特征来源的人体生物特征识别技术。与其他生物特征识别技术比较，虹膜识别是在唯一性、稳定性和安全性 3 个方面表现较为均衡的一种。

首先，肉眼可见的人的眼睛外观由瞳孔、虹膜、巩膜三部分组成。其中，最中心部分为瞳孔，占整个眼睛面积的比例很小；眼球外围的白色部分是巩膜；在瞳孔和巩膜之间，由很多腺窝、色素斑、皱褶等构成的部分就是虹膜。虹膜包含了丰富的纹理信息，是人体最独特的组织结构之一。虹膜的形态、颜色等外观特征在胚胎发育过程中就已经被其基因决定了。理论上，虹膜特征的重复概率极低。可以说，每一个人的虹膜特征都是唯一的。

从识别的角度来看，虹膜是特征量最为丰富的生物识别技术。在大约 11 mm 的虹膜上，理论上，可获得 173 个二进制自由度的独立特征点，在生物识别技术中，这个特征点的数量是相当大的。可获取的特征点数量也保证了在识别过程中，不同的虹膜能够被分别标识出来。

其次，虹膜还具有高度稳定的特点。一方面，人的虹膜结构和特征在出生后大约 8 个月就会固化下来，进入几十年的稳定期。除非出现了极其特殊的情况。例如，身体或者精神受到极大的创伤，或者是其他外力的作用，虹膜的外观有可能会发生较为明显的变化，否则，一个人的虹膜特征在几十年都不会发生明显的自然变化。

另外，虹膜具有明显的内部组织外部可见的特点。虹膜本身属于是人体内部组织的一部分，和人脸、指纹等可以较为方便地进行改造或者伪装不同，要想改变虹膜的外观，需要进行非常精细的眼部手术，并且还要承担视力损伤的巨大风险。后天调整的高成本也保证了虹膜特征的长期稳定。

再次，由于虹膜识别通常都需要通过红外线扫描才能有效采集虹膜的特征数据，从而保证了一个人虹膜特征信息相对来说不容易被非法轻易窃取。应用范围很广的人脸识别和指纹识别两种生物特征信息，都是比较容易被非法获取的。人在抓、握一些物体时，都会将指纹信息留在物体表面上。而人脸特征信息有可能在逛街、上网等各个生活日常中，在完全不知情的状态下被别人非法窃取。

当然，这也带来了识别设备的成本要求较高的劣势，会对虹膜识别技术的推广应用带来一定的影响。同时，如果佩戴眼镜，或者环境光线条件不佳等情况都有可能对虹膜数据的采集有较大影响，从而大幅降低虹膜识别的成功率，也会影响虹膜识别技术的引用。

最后，虹膜识别的数据采集方式也属于非接触识别，相对来说算是一种比较友好的人体生物特征识别技术。虹膜识别技术已经在机场、海关、校园、监狱、难民营等多种场景下得到了应用。在中国，虹膜识别还有一个特殊的场景是煤矿等矿山的管理。由于工作环境的影响，人脸和指纹在煤矿都已经丧失了独特性，每个人都是黑手、黑脸。唯有虹膜这个眼睛的内部组织还具备很强的可识别的特征。加之，虹膜识别设备的小型化发展很快，已经可以在小小的手机上配备虹膜识别功能，同时也有较为成熟的产品可以在 1～2m 的距离有效采集虹膜数据，这些都会极大地扩展虹膜识别未来的应用空间和场景。

3. 指静脉识别

指静脉识别是一种通过人体内部特征进行识别的技术。除了具备一般生物特征识别技术都有的唯一性、稳定性等特点，指静脉识别还具有一些其他生物特征识别技术不具备的特性。

首先，指静脉属于人体内部特征，不受手指表面状态的影响，温度、湿度等环境条件也基本没有影响，能够保持非常好的特征提取效果，从而保证足够高的识别率。指静脉识别的数据采集方式属于非接触式采集，指静脉识别不需要被试者接触仪器，只需要进入近红外线的扫描范围，就可以完成指静脉特征信息的采取。指静脉识别的采集动作和指纹识别比较类似，都比较便捷，非常适合在一些卡口场景下使用。

另外，指静脉识别一个最重要的优势在于解决了活体识别这个困扰其他生物特征识别技术的重大问题。手指静脉的图像特征是手指活体时才存在的特征，非活体的手指是得不到静脉图像特征的。这就决定了被试对象无法通过制造模型、截取器官等方式造假，从而大大提高了特征识别的可靠程度。

内部器官和活体特征两个特点使指静脉识别技术在某些特定的卡口场景下的适用程度非常高，典型的如金融行业的身份确认、监狱的门禁系统等。从另一个角度看，指静脉特征的提取需要借助近红外照射的支持才能实现，在设备小型化和成本方面相比而言都不占优势，在一定程度上影响了应用普及的速度和范围。随着各种生物特征识别技术的普及，识别技术本身的安全性会受到越来越多的关注和重视。到时候，指静脉识别这样具有高安全性的生物特征识别技术也有望获得更多的需求，进一步促使系统的应用成本快速下降，获取更多的市场空间。

（五）生物特征识别技术的安全性

虽然说生物特征具有唯一性，理论上应该是非常安全的。但实际上，在采集、存储、传输、比对等识别过程中，每个环节都有可能出现被攻击、篡改、欺骗等风险。因此，特征信息的唯一并不能保证识别结果的绝对可靠。那么，如何更好地保证生物特征识别结果的可靠性，提高其实用价值呢？一方面，尽可能提高识别过程中每个环节的安全性，保证特征数据库的信息安全和数据传送过程中的通信安全等。另一方面，在生物特征注册和身份验证过程中，增加活体检验环节，确保所采集的是活体信息，而不是照片或者模型。这些工作都能够大幅提高伪造、欺骗的难度，但是也无法保证识别结果的绝对可靠。

另外，还有一个相对被动但却有效的做法是采取多模识别的方式，就是说，不依赖单一生物特征的识别结果，而是在一个识别场景中，通过多种生物特征识别来确认身份，如同时应用人脸识别、指纹识别、虹膜识别等。当然，每一个特征识别分开来还是存在一系列的风险，组合使用并没有提高单一识别技术的安全性。但多种识别技术的组合使用将会极大地提高欺骗识别系统的成本。为了欺骗识别系统，不仅要伪造人脸，还要伪造指纹甚至虹膜等，成本会飙升数倍甚至数十倍。因此，在多模方式下，生物特征识别技术的安全性和可靠性确实将会大幅提升（图 7-4）。

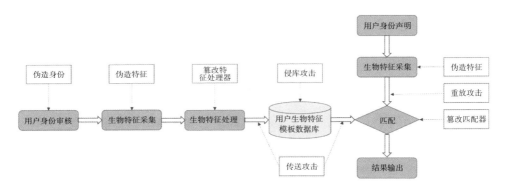

图 7-4　生物特征识别系统的安全性分析

来源：《生物特征识别白皮书（2017 版）》。

生物特征识别技术仍然还在不断发展的过程中，更多的可识别特征还在被不断地开发出来。据说美国军方正在研究的一种可以远距离实施的生物特征识别技术——心脏特征识别。这种识别技术可以在看不到人脸的情况下，通过红外光采集人类的心脏特征，从而进行身份确认。据称，这种技术可以在 200 m 的范围内有效工作，如果应用激光技术，未来其有效工作范围还会更大。在可预见的将来，生物特征识别将会全面取代现有的密码、ID 卡等传统身份标记和识别技术。我们未来将会生活的将不仅仅是一个无现金社会，还将会是一个无证件的社会。

二、信息特征识别技术

　　和生物特征识别技术不同，信息特征识别则是为了明白目标对象希望传达的信息，回答意思是什么（what）的问题。在信息表达这件事情上，图像和声音能够携带大量的信息，有无可比拟的优势。因此，信息特征识别的重点就聚焦在对声音和图像两者的识别上。另外，由于视觉和听觉也是人类本身传递和接收信息的主要方式，同样的逻辑也就很自然地被应用在了人工智能技术的发展上。

　　信息表达和识别的主要目的是为了达成沟通和互动，人与人之间是这样，人与机器之间也是同样。但对于人与机器的互动来说，声音和图像还是存在挺大不同的。声音在人与机器之间的传递可以直接完成，不需要额外的介质。而图像信息的传递，需要有一个屏幕或者其他人眼可识别的显示设备作为介质，否则人无法完成读取和识别。当然，从另一个角度看，由于没有中间介质，声音传递受环境噪声条件的影响就会比较大，嘈杂环境下声音的分辨和识别效果都会比较差。而有显示设备作为介质的图像传递就几乎不存在这个问题了，除了一些特殊光线条件下会有影响之外。二者另外一个不同之处在于，人可以直接将声音信息传递给机器，但人很难直接生成图形或图像信息传递给机器。对于机器来说，通过文字、符号等图形当然是可以的，问题在于人无法通过自然的方式生成图形或图像。迄今为止，哑语是人类通过肢体语言表达意思的方式中最成功的一种，但其能够传达的信息量相当有限，复杂程度也比较低。因此，要想通过图形图像的方式与机器交互，人类就必须先通过另外的介质生成这些文字、符号，已经可以看作是一种间接的方式了。或者严格来说，人可以通过声音直接传递丰富的信息给机器，而通过图形图像只能通过一些简单的动作传递非常有限的信息给机器。这个不同带来的一个直接后果是人可以通过声音完成对机器的控制，而无法通过图像对机器发号施令。也就是说，如果以人机协同为目的的话，相比图像，声音显然是一个更好的载体。因此，信息特征识别技术的重点实际上也更多聚焦在对人类语音的识别和分析上。这一点和人类自身的经验也高度吻合，人与人之间的沟通实际上也主要是通过语言和文字符号，而不是互相之间挤眉弄眼或者手舞足蹈。

信息特征识别技术包括语音识别、语义识别、自然语言处理、情绪识别、视频内容分析等（图7-5）。其中，数据输入以人类语言的两种表达方式语音和文本，和能够传递人类行为信息的视频等为主。通过信息特征识别技术的处理之后，以文本、语音、报告或者命令的方式输出，从而完成与人或者其他机器之间的信息交互。

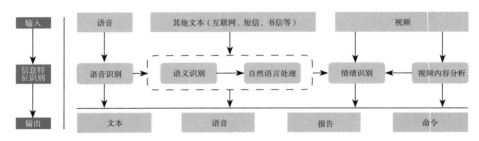

图7-5 主要的信息特征识别技术

（一）语音识别

语音识别技术，也称作自动语音识别（automatic speech recognition，ASR），是将人类语音中的词汇内容转换为计算机可读的输入，如字符、二进制编码或者按键等的一种人机交互技术。语音识别让机器能够将人类的语言转换为其可识别的机器语言，在人类和机器之间建立直接交互的方式。

从技术层面来看，语音识别是涉及心理学、生理学、声学、语言学、信息理论、信号处理、计算机科学、模式识别等多个学科的交叉学科。尤其语音识别和说话人的语言有直接关系，尽管基础理论和模型相似，但英语、法语、中文等不同语言的识别模式还是略有差异，而且每种语言都需要一个独立的数据库支持，包括方言在内。因此，要想建成一个覆盖所有语言的语音识别系统，其成本是巨大的。

语音识别技术常用的方法有以下 4 种：①基于语言学和声学的方法；②随机模型法；③人工神经网络方法；④概率语法分析。目前阶段，最主流的语音识别方法是随机模型法，其中，又以隐马尔科夫模型（HMM）的应用最为广泛。人工神经网络与传统识别方法的结合能够大幅提高语音识别的效率，未来将有可能会取得更大的发展。

根据识别对象的不同，我们通常可以将语音识别系统分为 3 类：①特定人语音识别系统，只针对某个特定人的语音进行识别。②非特定人语音识别系统：识别功能与说话人是谁无关，只要系统能够对说话人的语言进行识别即可。非特定人的语音识别通常要通过大量人和语言的语音数据库对识别系统进行训练。③多人语音识别系统：能够同时识别一个特定人群的语音信息。随着声纹识别技术的发展，我们可以通过声音对一个人或一群人做准确的区分，在此基础上综合应用语音识别技术，我们可以面向不同对象和应用场景，创造出多种丰富的语音识别模式。

从应用角度看，语音识别技术具有广阔的前景，在人机交互涉及的几乎所有场景下都有一定的应用空间。目前阶段，语音识别技术应用消费领域已经有很多的应用，较为成熟的领域有语音速记、语音检索、自动客服、机器翻译、命令控制等。目前，语音识别应用较多的均为近场识别的场景，远场语音识别技术还有待进一步完善和提升。

目前，语音识别技术在安防领域的应用还很有限，但随着技术的不断成熟和安防系统的完善，未来语音识别技术将有很大的发展空间。首先，在反恐、治安管理等领域，应用语音识别技术可以实现对特定人的监听、监控，不仅能够知道人在哪里，在做什么，还能知道他在说什么。根据其说话的内容，我们可以分析预测其下一步的行动计划，从而提前进行布局。其次，语音识别技术还可以应用在人机语音控制方面。一方面，在一些卡口场景下，结合声纹识别和语音识别技术，实现人对机器的控制；另一方面，未来的安防工作中，将会有越来越多的机器、系统参与，在指挥控制过程中，语音识别技术将给指挥控制人员一种全新的调动、命令机器的方式。这种方式将会越来越成熟，得到越来越多的应用。

总之，语音识别技术的应用使人机交互的界面更加自然、人性化，并且容易使用。对于安防工作来说，语音识别技术将有望协助我们打开一个人机高度协同的智能安防新模式。

（二）语义识别

语义识别和语音识别技术常常会一起应用，以达到机器对人类语言识别和理解的目标。例如，机器翻译、语音输入等看似简单的产品背后其实都是语音和语义识别技术综合应用的结果。两种技术虽然只有一字之差，但其技术原理有很大的差异，语音识别的重点在特征提取和模式识别，而语义识别技术的重点则在于分词，尤其是不同语言的分词规则的设定。除了技术层面的差别之外，两种技术在数据来源和应用场景方面也不尽相同。

1. 数据来源不同

语音识别是对人类说的话进行识别，把声音信息解释为机器能够识别的代码，再通过文字的形式展示出来，从而完成语音到文字的转换。按照这个逻辑，语音识别技术理论上也可以应用到将狗吠、鸟鸣等其他生物的声音信息转换为计算机能够识别的代码。语义识别的数据来源相对更广，网页、文件、邮件、音频、视频、论坛、社交媒体中的大量数据都是语义识别的对象。另外，语音识别技术获得的数据也是语义分析的重要数据来源，这也是为什么语音语义识别常常被放在一起讲的原因。大多数从事语音识别的企业也会同时研究语义识别技术，反之亦然。

2. 解决的问题不同

语音识别是把人说的话转换成机器代码，达到数据存储和以文字、声音等其他机器可生成的形式输出的目的。而语义识别是让机器不仅能知道人类说了什么，还能够理解人类语言背后所代表和传递的意思，从而了解人类的意图。

因此，应用场景上，语义识别技术除了可以结合语音识别的场景共同使用之外，还有很多非语音的场景可以应用。举个例子，智能客服既可以通过接听电话的方式来响应用户的需求，也可以通过线上文字交互的方式与用户沟通。电话的方式就需要语音识别和语义识别两种技术结合使用，而后一种线上文字交互的方式则只需要用到语义识别技术。

3. 语义识别技术在安防领域的应用

对于安防工作来说，语义识别技术的价值巨大。一方面，语义识别能力让机器和人可以更顺畅、准确地完成信息交互，提高人机协同在安防场景下的实用性；另一方面，在反恐等任务中，语义识别技术让我们能够及时掌握目标对象的意图，在斗争中获得主动地位。

以上两个方面都是和语音识别技术结合应用的场景。除此以外，语义识别技术还能在大型公共事件发生前、中、后对社会舆情进行监控，通过对互联网上的海量信息自动抓取、聚类、分析，对舆情做出趋势性判断，提前预测各种安全问题的发生概率，并据此制定不同的应对方案，切实提高安防工作的预测、预警能力。

另外，结合人们在互联网上留下的个人信息、社交网络关系、消费记录等结构化信息，和应用语义识别技术对一个人在互联网上留下的言论、行为等数据，可以构成一个人完整的网络记录数据。对这些数据进行挖掘和分析，能够在网络犯罪活动的预防、证据留存、网上追逃、儿童拐卖案件的侦破等很多场景中发挥重要的作用。

语义识别技术的意义在于让机器更好地理解人类的所想、所言、所为。因此，语义识别技术会让很多看似没有价值的信息和数据发挥作用，特别是能够提高我们对大型公共安全事件的预测、预警能力。而语音识别和语义识别技术综合应用的智能语音交互能力会将人机协同的效果大幅提高，使得机器在安防工作中能够发挥更重要的作用。

（三）自然语言处理（NLP）

自然语言处理（natural language processing）指的是机器识别、理解人类的自然语言，并能通过自然语言与人类互动的能力。自然语言处理能力的发展意味着人和机器之间关系的改变。一直以来，人类想要使用计算机，就必须首先学习计算机的语言，然后才能发生交互。从最早的 DOS 系统，我们需要准确地输入一个个字符串，才能调用计算机的计算能力，一个连接符或者斜杠的缺失都会造成无效的输出。直到图形界面出现，我们才可以不用学习和记忆复杂的命令，通过键盘、鼠标就可以方便地操作计算机。个人电脑因之获得大普及。因此，长久以来，我们以为自己发明了一个很好用的工具，但实际上一直是我们在努力满足工具的要求，适应工具的发展，要通过努力学习才能成为一个会使用工具的人。语音语义识别技术有望改变这种状况，解放人类的双手，通过我们更加熟悉的、人与人之间常用的语言来实现对机器的控制。理想状态下，我们不仅可以通过说话来使用机器，并且说话的方式也不需要刻意调整以适应机器的需要，而是只要保持自然语言状态就可以，机器不仅能够识别我们的语音、语义，还能理解我们自然的表达方式，真正听懂我们。这就需要在语音语义识别的基础上，让机器具备自然语言处理的能力。

自然语言处理可以说是人工智能技术皇冠上的明珠。用自己最习惯的语言和机器互动是人类一直以来都努力追求的。自然语言处理这件事也远比我们以为的要困难许多。尽管说机器学习技术已经让自然语言处理取得了快速的进步，但从现有的理论和技术现状看，一个通用的、高质量的自然语言处理系统仍然是需要我们长期努力的目标。这一点从自然语言处理技术应用最为广泛和成熟的机器翻译和聊天机器人两个领域的实际表现就能知道。句子复杂度一高，多义词或者同义词数量稍多，机器翻译的结果就会一塌糊涂。而包括苹果、微软等巨头在内，市场上各个科技公司开发的聊天机器人，仍旧常常作为用户"调戏"的对象，其对自然语言理解和处理的能力只能说差强人意。当然，虽然距离理想状态还有很远的距离，但自然语言处理技术本身的进步还是让我们在文本分析、语音输入、机器翻译、智能家居、机器客服、智能机器人及基于文本的情感分析等很多场景下找到了应用空间，并随着数据量的不断积累，与这些应用场景下的相关技术一起快速迭代、进化。

对于安防工作来说，自然语言处理能力能够提高我们对海量文本、语音数据的进行挖掘、分析的水平，提升我们对舆论环境理解和把握的能力，甚至于准确地了解某个特定人物或者特定群体的所思所想，从而提前对安全问题做出预测或者在公共事件应急处置、抓逃布控等工作中取得主动。总之，一句话，机器的自然语言处理能力让我们能够有机会在机器的帮助下更好地理解人，进而更好地防范风险。

（四）情绪识别

情绪是一个人行为的前兆指示。不同的情绪状态意味着不同的行动取向。如果能够准确地识别一个人的情绪状态，那么我们就可能对其下一步的行为做出预测，从而将很多安全问题扼杀在萌芽状态，或者降低安全风险的等级及其可能带来的对他人或者社会的伤害。例如，在一个嫌疑人持有武器挟持人质的场景下，如果我们能通过语言、动作等对其真实的情绪状态做出判断，那么我们就能够采取最合适的应对方案，有机会在最合适的时机采取行动。因此，情绪识别对于安防工作具有重要的价值。

人的情绪会通过多种方式向外传达，如面部表情的变化、说话时的语音语调等声音状态、走路的姿势或者其他行为状态等。我们常用"喜怒不形于色"来表示对某个人情绪控制能力的称赞，可见对于大多数人来说，"喜怒形于色"才是正常状态。这也说明，我们通过人脸面部表情、声音、行为动作来分析、判断一个人的情绪状态是可行的。

情绪是人对外界或自身刺激的心理反应，以及由这种心理反应所引发的生理反应。那么，对情绪的识别也可以从生理信号识别和非生理信号识别两个角度进行。基于生理信号的识别方法是指通过测量心率、皮肤阻抗、呼吸等生理信号或者中枢神经系统的信号来识别对应的情绪状态。美国麻省理工学院的演技团队通过对人体生理信号的测量和分析，能够识别出平静、生气、厌恶、忧伤、愉悦、浪漫、开心和畏惧 8 种不同的情绪。生理信号识别的准确率相对较高，也不易伪装，但操作相对较为困难，需要目标对象高度配合才能实施。因此，生理信号识别适用性有一定的限制，只适合于某一些特定的场景。

非生理信号则包括我们常说的面部表情、声音、动作等。其中，在特定情绪状态下我们会产生特定的面部肌肉运动模式，如开心时嘴角会上翘、生气时会皱眉、恐惧时会瞪大眼睛等。不同情绪状态下，我们说话的方式也会不同，如心情舒畅时的语调会比较欢快、难过时语调会比较沉闷等。另外，我们的身体语言有时也会出卖我们的情绪，如恐惧、焦虑时肌肉会紧张，动作会僵化，心情愉悦时动作会比较舒展等。非生理信号的识别难度较小，操作容易，在采集声音、图像等数据的基础上就可以同步进行情绪识别工作，但识别的准确度还比较低。更重要的是，这些信号的伪装难度低，哪怕是在日常生活中，我们都很容易通过伪装面部表情或者声音、动作等来掩饰自己真实的情绪状态。如果某个人是刻意为之，那分辨伪装的难度是极高的。

从应用角度看，情绪识别在极端情境下的准确度是相对比较高的，要么是极端自然的情境下，对象没有任何伪装，所有表情、动作都是情绪的自然表达；要么是在极端不自然的状态下。例如，前面提到的罪犯劫持人质的情况，罪犯处于一个极不自然的特殊状态，其表情、动作也能够相对真实反映其情绪状态。安全问题发生的情境比较复杂，既有相对极端的情况，也有比较常规的情境，情绪识别技术的使用也需要根据不同的情况灵活运用。但总体来说，情绪识别是一种能够很好反映目标对象心理状态和行为趋向的方式，能够在安防工作的不同阶段发挥重要的作用。

（五）视频内容识别

对视频进行智能分析是信息特征识别的重要方向。视频内容的识别包括场景识别、人脸识别、物体识别、图片识别等众多技术的综合应用。

视频内容识别的核心实际上是利用人工智能技术替代以前必须由人类完成的工作。视频内容识别的关键是视频内容结构化，也就是对视频内容进行标注。结构化的视频允许我们像搜索文本文件一样搜索视频文件的信息，从而提高视频内容的利用价值。经过标注后的视频内容在安防的事后查证中能够发挥重要的价值，大大提高证据检索的效率。相比人工标注，计算机视觉具有识别范围广、准确性好、学习模型不断迭代、机器效率高、成本低等一系列明显优势。

视频内容识别的应用场景主要包括：①高敏感安全区域的入侵监测、徘徊检测、遗留物检测等，如在地铁站、机场、博物馆等公共场所，通过视频监控图像中的异常行为检测，来提前预警可能出现的安全风险。②区域内行人分析，通过配置黑名单的方式，智能识别跟踪高风险人员，并自动报警。③危险动作识别，基于对视频的前后帧信息、光流运动信息分析、场景内容信息识别等分析，检测和识别视频中的危险动作。④嫌疑人识别，从监控视频中快速锁定嫌疑人，并持续跟踪嫌疑人的行踪，帮助警务人员对其布控抓捕。

信息特征识别技术的应用让我们能够通过一个人或者一群人的语言、行为等信息了解其所思所想，并基于此对其未来行为做出预测，为我们的行动决策提供参考。这个能力对于安防工作具有重要的意义，是我们从传统安防时代进入智能安防时代所必须具备的基础能力。

三、智能认知技术

智能感知技术的应用使得机器可以"读懂"人类，确定人类的身份，理解人类的意图，但到这个阶段，机器仍然对发生了什么事没有判断。机器能做的只是把它看到的、听到的、感觉到的信息展示给人类，然后由人类做出判断。也就是说，只有感知能力的智能还只是个半拉子工程，是瘸腿的智能。在数据采集设备和技术大发展的背景下，机器感知到的数据量将是一个天文数字，如果这些数据所承载的信息都要人类自己做出判断。那对于人类来说，这样的智能化就与一场灾难无异。机器所采集的数据价值也无从体现。用自动驾驶来做类比，我们希望的是在出现紧急情况时，汽车的大脑会直接踩下刹车踏板，或者至少告诉我们赶紧刹车，而不只是把汽车前方 2 m 有行人的信息告诉我们。或者说，我们希望人工智能帮我们做的不仅仅是对人和信息的感知，还要在对感知数据处理、分析的基础上，将其对事情的分析和判断的结果提供给我们辅助决策，甚至一定条件下直接以命令的方式控制自身或者其他机器的运行。要达到这样的效果，就需要机器具备一定的认知能力，能够进行抽象思考和逻辑判断。认知能力的培养既可以采用从无到有的自生方式，典型的是机器学习，特别是深度学习；也可以采用吸收人类知识、经验的习得方式，典型的是知识图谱。如果说智能感知技术是让机器拥有视觉、听觉等感觉器官，那么智能认知技术就是让机器拥有大脑。

如何构建或者训练这个大脑，让其具备分析、决策等认知能力，有两种不同的思路。在著名的《计算机器与智能》一书中，艾伦·图灵提到，与其制造一个模仿成人大脑的程序，还不如制造一个模仿小孩大脑的程序。这个也是后来机器学习的思想根源。如果把我们要构建的机器智能认知能力看作是一个儿童的大脑，那么就像我们现实世界里存在不同的教育理念一样，在培育这个大脑思维能力的方法上也会有两种不同的思路：一种是"填鸭式"教育，把人类已经知道的知识和方法都总结、提炼出来，然后让小孩都全部记下来，并遵照这些知识和方法的要求使用。另一种是素质教育，提供丰富的养料、实践的机会，让小孩自己从实践中思考、总结，以获取相应的知识和能力。这两种思路对应到人工智能技术，就是知识图谱和机器学习两个不同的智能认知技术流派。

（一）知识图谱

无论是通过习得还是自生的方式，机器要想具备认知能力，首先得有知识。知识图谱构建的过程实质上就是赋予机器知识，让其形成认知能力。"图"是人类和机器都能通用的语言。知识图谱就是将人类的知识转换成图，以方便机器存储并用于推理。

知识图谱是一种以实体、实体属性、实体与实体或属性之间关系形成的知识库。每一个实体或属性都构成图谱的一个节点。通过由节点和关系组成的图谱，我们就可以为现实世界的各种场景以非常直观的方式建立映射，或者说模型。这个模型就成为机器理解现实世界的知识。

技术上，知识图谱的构建包括知识获取、知识融合、知识计算和知识应用等过程。知识获取主要是解决从结构化、半结构化、非结构化的数据种提取知识的问题。前文提到的各种信息特征识别技术在知识获取的过程都可以发挥重要的作用，从而有效减轻人类的工作量。知识融合则是将从各个数据源获取的数据融合成一个知识库，提供统一的术语，并构建各个术语之间的关系和限制。知识计算主要是根据图谱提供的数据获取各种隐含的信息，如图谱中隐含的知识、实体之间隐含的关系、知识之间隐含的关联路径等，从而得到能够支持知识应用的各种结果。知识图谱能够支持包括智能分析、问答、辅助决策等在内的多种应用。从应用的角度，由于知识图谱主要反映的是各个实体或者属性之间的关系，那么，只要有关系发生的地方就都具备应用知识图谱的条件。例如，金融、保险、零售、社交、人力资源、广告、物流、电子商务、传媒、风险控制等众多领域，知识图谱都已经获得了广泛的应用。

其中，风险控制是知识图谱应用的重点领域，尤其是在反欺诈、反洗钱、信用审核、保险欺诈、企业关系分析等场景中，知识图谱已经在扮演重要的角色。风险的最大特点在于其不确定性，而不确定来源于关键信息的缺失导致无法完成必要的推断。因此，信息不对称或者由于存在太多的中间连接而引起信息隔离时引发风险，特别是欺诈、洗钱等信用风险发生的主要诱因。知识图谱通过构建多个节点之间的关系，复原其所对应的实体或属性的关联网络，能够发现很多我们常常会忽视或者认为很正常的关系，将一些重要的隐藏信息挖掘出来，从而找到欺诈者的蛛丝马迹。例如，在反洗钱工作中，知识图谱能够精准地重现卡与卡之间的交易路径，从源头一直关联到最后的收款方，从中发现洗钱／套现的路径和相关的可疑人员。基于可疑人员的属性特征和交易记录，不断深挖，发现更多的可疑人员和可疑交易，直至将整个洗钱的路径还原出来。

这个过程中，知识图谱的优势在于能够以远超出人类可及范围的计算和存储能力处理数据，并精确描述各个实体之间的关系，同时还能像人类一样去思考、分析、发现、求证、推理。也正因此，知识图谱作为重要的智能认知技术，得到了高度的重视和深入的研究。在知识图谱实际应用的过程中，其优势得以发挥，同时，其局限性也逐渐暴露了出来。

1. 知识图谱的局限性

知识图谱描述的是实体和实体之间的关系。一般情况下，实体及其属性是相对固定并且客观的。同时，人类的知识来源于对过去经验和规律的总结，知识的更新要通过新知识的发现来实现对旧知识的替代。因而，基于人类的知识构建的实体之间的关系也是相对稳定的。这就带来了知识图谱的第一个局限，即对人类知识的描述不具备动态性。知识图谱所刻画和描述的知识通常都是静态的、确定的事实。而现实社会中，知识是动态的、持续变化的，就像我们常说的"唯一不变的是变化本身"。但传统的知识图谱无法很好地反映这种动态变化。

这种对现实社会动态性反映不足的问题给知识图谱在应用上带来了另一个局限。传统的知识图谱只能回答"是什么"的问题，但对"为什么""怎么做""会怎样"等问题就难以应对。或者从另外一个角度看，传统的知识图谱能够很好地反映实体之间的相关关系，以及基于相关关系的知识推理，但却无法描述实体或事件之间的因果关系或其他逻辑关系。这对于很多现实社会问题的分析和解决来说，就是一个很大的缺陷。

2. 知识图谱的发展

世界是由静态的事物和动态的事件共同构成的。传统的知识图谱能够对事物的静态知识做出很好的描述，但缺少了对动态事件的刻画，这种对现实世界的描述就是不完整的。那么如何能在知识图谱的基础上，更好地描述现实世界的动态特性呢？事理图谱是其中的一个研究方向。

以事件作为知识的基本单元能更好地反映客观世界的知识，特别是知识的动态性，也更符合人类的理解与思维习惯。我们思考的过程实质上就是运用事理的过程。以事件为基本知识单元，采用与知识图谱相似的组织形式，我们就能够通过专家手动或者基于海量文本的自动获取两种方式来构建事理图谱。

举个例子，基于"受某影星阴阳合同事件牵连，××影视开盘大跌"这句话，我们可以结构化出＜某影星阴阳合同事件，导致，××影视开盘大跌＞这样两个事件之间的因果关系。进一步分析，我们还能够知道"因事件"的主体是人物"某影星"，事件是"阴阳合同"；"果事件"的主体是一个上市公司"××影视"，事件是"股价大跌"。再结合两个事件主体的属性，某影星是雇员，影视公司是雇主，我们可以进一步抽象出来一种逻辑规则，即"雇员的阴阳合同导致雇主的股价下跌"这样的因果关系链。从另一个角度看，如果我们对事件本身的情感属性进行分析，还可以发现"阴阳合同"属于负面消息，股价下跌属于负面影响，那么，我们还能得到"明星负面消息给公司带来负面影响"这个更抽象的因果关系链。这些是传统的知识图谱无法做到的。

在《事理图谱，下一代知识图谱》一文中，刘焕勇和薛云志两位老师认为，作为一个新的知识组织、表示和管理的方式，事理图谱可能会成为认知智能的一个重要突破口。知识图谱是事理图谱运行的肉体，事理图谱是调动知识图谱的肌肉运动的神经，描述知识逻辑架构的事理图谱与刻画静态概念知识内容的知识图谱携手并进而能够更好地反映现实世界的真实状况。

3. 知识图谱在安防领域的应用

知识图谱的应用能够让我们更加充分地利用感知技术和设备获取数据，从中挖掘出更多有价值的信息和线索，进而对安防工作提供支持。综合考虑目前知识图谱的发展情况和安防工作的需求场景，在公安情报分析、嫌犯追踪、儿童拐卖等案件侦破、应急救援方案制定等领域，知识图谱都有较大的应用空间。

公安系统本身就有一套情报信息体系，包括人、地、事、物、组织、机构及其关联关系。基于这套体系构建面向公安情报分析的知识图谱相对就要简单得多。然后在这样一个基础图谱之上，根据不同的业务需求和情报属性，增加其他相关的主体或属性，就能构建出来面向特定场景的知识图谱。例如，据中国人民公安大学公共安全行为科学实验室主任丁宁介绍，他们在研究入室盗窃、公交扒窃等一些行为的规律时，在知识图谱中加入了包括 PM2.5 等环境、天气等数据，结果发现 PM2.5 对公交扒窃案件的发生有明显的影响。在经济案件的侦破中，首先依托企业和个人的交易明细、出行、住宿、工商、税务等基本信息可以构建一个以账户、人、公司为主体的知识图谱。然后把从案件描述、口供等非结构化数据中抽取出来的人、事、物、时间、地点、组织、账户等信息加入图谱中，就能构建出来一个完整的逻辑链，帮助经侦、银行等快速定位线索。中信银行在应用知识图谱分析跨境可疑交易案件之后，每年的可疑交易预警量从 50 万份下降到 10 万份，减少 80% 人工甄别的工作量，同时把结果的准确度提升了 80%。

知识图谱在应急救援工作中也有广阔的应用空间。还是以天津发生的导致上百名消防战士和公安干警牺牲的"8·12"危化品仓库爆炸事件为例。如果在事件发生时，有一个包括危化品及其属性、库存量、存放位置、爆炸条件、适当的灭火方式和灭火产品等在内的知识图谱的话，可能就不会有那么多人贸然冲进火场，造成如此重大的损失。其他类型的灾难应急救援也是同样的道理，我们其实已经在应对灾难方面积累了很多的知识、经验，但这些东西都片段性地储存在一个个专家的脑子里，没有整合、固化成为通用的知识。当灾难发生时，我们也无法获得系统化的知识支持，不管是防灾减灾的知识，还是灾难发生后的救援知识，都是一样的。

尽管知识图谱本身还有各种局限，还有进一步完善的空间。但对于安防工作的需求来说，只要有足够数量和质量的数据支持，并且打通数据之间的各种人为的隔离，目前阶段知识图谱的能力已经可以为绝大部分问题提供有价值的解决方案。或者说，只要能很好地把人类与天斗、与地斗、与人斗的知识和经验固化成一个个知识图谱，已经足以有效地应对目前阶段的大部分安全问题。当然，我们也必须用动态的眼光来看待安防需求的发展。正所谓道高一尺魔高一丈，人工智能和各种新科技的发展，也会让犯罪分子的能力得到提升和发展，甚至创造出新的犯罪模式。如果想在斗争中一直保持主动，我们就不能一味地依赖过去既有的知识和能力。也就是说，我们不能停留在知识图谱这种高度依赖人类知识的方式上，还需要加强机器大脑自身的学习能力构建，通过机器学习的方式达到超越人类自身的分析和思考能力。

（二）机器学习

关于机器学习的相关技术，前面已经做过介绍，这里就不再赘述了。而且，不论是人脸识别、声纹识别等生物特征识别技术，还是语音语义识别、自然语言处理等信息特征识别技术，所有智能感知技术的后台支撑技术都少不了机器学习。尤其是，深度学习事实上触发了人工智能的第三次发展浪潮，让机器视觉、语音识别等技术走出实验室，具备了产业应用的能力。机器学习相关技术的重要性无须多言。

在这里，我们只想再讨论一下，对于认知智能的发展，机器学习将会扮演什么样的角色。让机器具备和人类相似甚至超越人类的思考能力是人工智能发展的终极追求。那么，我们就只有两个问题需要考虑：一个是我们希望机器具备什么样的智能，或者思考能力；另一个是如何让机器达到我们所希望的智能水平。

如果我们只是希望能够创造一个能为人类所用，但又不会对人类的安全造成任何威胁的机器智能。这个智能只要在某些方面拥有和人类差不多或者超越人类的能力，特别是在人类不愿意做的"脏活累活"方面。但这个智能不能具备全面超越人类的能力，也不能有自主进化的能力。那么，我们在训练这个智能时就应该采用"填鸭"的方式，尽可能让机器能够复制我们的思维方式和思考能力，但又不会超出我们的理解范围，并且随时"可控"。要达到这样的目标，以知识图谱为核心的认知智能就是最合适的发展方向。深度学习这样有可能成为一个"黑箱"的方式就应该被牢牢控制在感知技术的发展上，避免其涉及任何认知的内容。而且，从伦理角度考虑，我们不愿意甚至无法接受一个超出人类水平的机器智能。我们会担心这样一种智能的出现会危及人类自身的安全，而且是作为一个物种的整体安全。

但如果我们希望能够创造的是一种能够克服人类的瓶颈、弱点的智能。例如，这个智能在做分析、决策时不会考虑人情世故，不会因为女色、金钱而想着徇私枉法，也不会因为对权力的畏惧而避重就轻，那我们就必须破除自身心理的魔咒，给机器智能充分的发展空间，提供丰富的养料，让其自由生长。要让机器达到这样的智能水平，目前看起来似乎只有机器学习这一条路可走。

换一个角度，假设不考虑技术本身的发展规律，也不考虑其他的应用场景的需求，只站在安防工作的需求上，我们到底需要一个什么样的智能？心理上，似乎我们应该只需要一个可控的智能，可以帮助解决一些我们不擅长的问题，为我们的决策提供一些辅助信息就好。就好像我们都会希望延年益寿，但却对安度晚年没有那么在意一样。对于安全的追求，我们期待的也只是比过去更安全，而不是绝对安全。这样的话，我们对智能安防的需求也就只是作为人类的工具或者助手即可，机器学习在认知和决策方面的价值并不大。但如果从人性角度看，在安防这个事情上，长期以来人类的选择其实都是相对被动的，我们其实挺容易把安全托付给别人来照管的，无论是养一条大狗看家护院，还是有危险找警察，实际上背后反映的都是我们对于安全保障的方式选择。那么，如果有一个比我们都厉害的超级智能，随时随地看护着我们的周全、响应我们的需求，让我们感觉身处一个完全无风险的环境，我们真的不会接受吗？

当然，安防只是人工智能技术应用的一个领域，安防的需求远决定不了技术的发展路径。机器学习仍旧会按照其自身的逻辑发展下去。当机器学习驱动下的人工智能真的有一天超越了人类的控制，成为一个无所不能的超级智能，站在当下，我们还很难想象到时我们将生活在一个什么样的情境下。但至少，在这一天到来之前，机器学习技术的持续发展和在安防领域的广泛应用应该会让我们生活的环境更加安全。

第八章

新科技与智能安防

任何新技术的产业应用都需要一个综合的基础技术环境。智能安防也不例外，在人工智能技术快速发展，并在安防领域取得很多突破性应用的同时，以5G为代表的下一代无线通信技术，以云计算、区块链等为代表的新一代信息技术，以及智能机器人等具有极强基础设施属性的技术也都取得了快速的发展，给智能安防的实践应用和技术创新、模式创新提供了坚实的基础。

一、5G 与智能安防

5G 技术的发展得到了全球各个主要大国前所未有的高度重视，甚至引发了全世界唯一的超级大国通过非常规的政治手段对一家中国的通信技术企业在全球范围内实施制裁以限制其 5G 技术的应用。5G 的重要性由此可见一斑。在技术层面，5G 不是前几代移动通信技术的常规迭代升级，而是一次革命性的跃升。不仅在速率上实现了数量级的提升，还在连接能力、端到端时延等方面取得了跨越式的突破。由此，在应用层面，5G 的影响将不仅局限于传统的通信领域，而是会扩展到工业、交通、城市管理等全社会的各个方面。如果说，4G 技术促成了移动互联网的大发展，对人类的生产生活带来了巨大的影响。那么，5G 技术的应用将会全面重建未来社会的数字基础设施，为人工智能技术的发展和应用提供关键的支撑，推动人类的生产生活进入一个全面数字化、全面网络化、全面智能化的新时代。当然，安防领域也不例外，必将在 5G 网络的支持下，全面开启智能化发展的新局面。

（一）什么是 5G

基本上以 10 年为一个周期，移动通信技术会取得跨越式发展。第一代移动通信技术的应用基于模拟通信网络，俗称 1G。1G 时代最具代表性的产品就是由摩托罗拉公司在 1973 年发明，并在其后十几年间取得成功的"大哥大"。从 1G 到 2G，移动通信技术完成了从模拟通信向数字通信的转变，GSM 和 CDMA 两种制式成为国际标准，占据了绝大部分市场，终端产品实现小型化，手机取代了"大哥大"。2G 时代的移动通信不仅能够支持语音通话，还能实现小量低速数据传输，由此，短信这个为很多电信运营商贡献了巨量利润的业务开始出现。2000 年 5 月，国际电信联盟（ITU）确定 WCDMA、CDMA2000、TD-SCDMA 为三大主流无线接口标准，写入 3G 指导文件《2000 年国际移动通讯计划》，我们正式进入了 3G 时代。我国成功从一个标准被动接受者转变为标准的制定者，强力推动由我国企业主导的 TD-SCDMA 成为三大国际标准之一。从 2G 到 3G，移动通信的数据传输能力得到了极大提升，峰值速率可以达到 2 Mbps 到数十 Mbps，数据业务开始得到各个运营商的重视。中国移动通信有限公司专门推出了"移动梦网"服务，带动了手机多媒体业务的快速发展。4G 的峰值传输速率可以达到 100 Mbps 到 1 Gbps，划时代的 Iphone4 横空出世，微信、WhatsApp 等移动端即时通信应用诞生并快速普及，人类正式进入移动互联网时代。4G 则成为移动互联网时代最重要的基础设施。相较于前面 4 代移动通信技术，5G 将以一种全新的架构，提供超过 10 Gbps 以上的峰值带宽和毫秒级的时延，以及超高密度的连接。网络性能将获得革命性跃升（表 8-1）。

表 8-1　5G 关键指标定义

指标	定义
用户体验速率	真实网络环境下用户可获得的最低传输速率，支持 0.1～1 Gbps 的用户体验速率
用户峰值速率	单用户可获得的最高传输速率，数十 Gbps 的峰值速率
端到端时延	数据包从源节点开始传输到被目的节点正确接收的时间，不高于 2 毫秒的端到端时延
连接数密度	单位面积上支持的在线设备总和，每平方千米 100 万的连接数密度

来源：《5G 概念白皮书》。

4G 之前，移动通信技术的进化主要以速率作为单一技术指标。5G 则创新性地将大规模天线阵列、超密集组网、新型多址及全频谱接入等多个核心技术集成应用。5G 的技术指标也不再是单一的速率，而是包括用户体验速率、连接数密度、端到端时延、峰值速率和移动性等在内的综合指标体系。5G 的发展将带动移动通信技术的应用场景向更广范围延伸。

（二）5G 的应用场景

5G 的优势主要体现在 3 个方面：高速率、广连接、低时延。首先，5G 的大带宽、高速率数据传输能力将进一步推动那些在 4G 时代已经被我们广泛使用的移动视频应用进入 4K 阶段，同时还将促使虚拟现实（VR）、增强现实（AR）等人机交互技术真正实现消费级的应用，推动人类交互方式的升级，促进现实世界和虚拟世界的融合。其次，5G 的高密度连接能力，将支持海量的机器之间直接通信，实质上推动物联网的快速发展，尤其是以智慧城市、智能交通、智能安防、智能家居等为代表的典型应用场景将在 5G 技术的支持下，将千亿级各类型设备进入网络，使"万物互联"真正得以实现。最后，也是最重要的，5G 技术的高可靠性、低时延通信能力，将会彻底突破移动通信网络只能用于数据传输，但无法进行双向控制的局面，推动以自动驾驶为代表的车联网、以远程手术为代表的移动医疗、以工业互联网为代表的智能制造等多个垂直产业的数字化、智能化发展。5G 也将成为引领未来全社会数字化转型的通用基础技术。

（三）5G 智能安防

对于智能安防的发展，5G 是非常关键的使能技术。5G 的高速率、广连接、低时延特性和安防场景的需求契合度非常高。5G 技术的应用将会让很多智能安防的限制性条件得以突破。

1.安防网络建设成本下降

过去，安防网络必须要通过有线的方式建设，无线通信技术还无法支持安防数据的传输需求。在安防项目的成本中，摄像头只是其中的一块，还有一个很大的成本在挖沟渠、铺光缆等工程上。但在 5G 商用网络建成之后，无线和有线的差别将被抹平。当所有的摄像头都搭载 5G 模块时，就意味着安防项目的建设不再是一个个繁杂的、高成本的工程项目，摄像头等数据采集设备只要有个竿子可以挂、有个平台可以放，就可以便捷地接入网络。安防项目的建设成本将大幅降低。相比视频监控项目，其他安防领域在 5G 环境下的建设成本降幅将会更加明显，如自然灾害防治等，在自然环境中布设大量传感器的成本大部分都花在了布线、施工上，在 5G 网络下，这些成本的节省将会非常可观。

2.4K 视频在安防领域普及

安防监控视频是连续的超大规模的数据，从标清到高清、超高清，再到 4K，每一次清晰度的提升都对通信网络的能力带来很大的挑战。好在过去的监控视频主要是用于事后的查证和分析，对于数据实时传输，并向终端设备进行反馈和控制的需求不明确，只要数据能够完整、安全得到传输即可。5G 的高速率将会带动包括摄像头、芯片、软件等安防监控系统组件全面升级，4K 超高清视频将成为安防行业的标准配置。4K 的普及使得监控摄像头能够拍摄到更多的细节，这会在一定程度上改变安防监控的模式。首先，单个摄像头能够覆盖更大的范围，并且保证拍摄画面不失真且细节丰富。对于安防监控网络的布设来说，支持 4K 的摄像头虽然单体成本可能高，但是其整体需求数量上会比标清或者普通高清的摄像头要少。同时，4K 监控视频的高分辨率使其有可能够承载更多的功能需求。其次，在 5G 技术支持下，机器与机器之间的通信会大幅增加。边缘计算，以及搭载其上的边缘人工智能将取得快速发展。安防领域将会出现人、机器人、无人机等多角色共同执行任务、协同作战的场景。大量机器之间的通信需求将在 5G 技术支持下得到满足。

3. C 端安防市场被打开

在 5G 网络覆盖的 1 km² 面积上可以支持超过 100 万台设备同时接入的超强连接能力，意味着我们生产生活中的所有机器设备都可以接入无线通信网络。对于安防来说，5G 的商用将会带来两个方面的影响。一方面，就像我们前面提到的，所有新布设的摄像头、传感器等安防数据采集设备都将通过无线连接的方式成为安防网络的一部分，旧的不具备 5G 功能的设备将会逐步被替换，或者通过部署具备 5G 功能的边缘端设备来变相实现终端设备能够连入 5G 网络，逐步形成所有数据采集设备都具备 5G 功能的局面；另一方面，5G 的商用和普及对于安防更重要的意义在于，一个更具吸引力的个人安防市场将被打开，从针对儿童的防走失、防拐卖的可穿戴式产品到面向老人的防摔倒、防意外的紧急报警产品，从监测个人心脏等关键器官的健康防护产品到以家庭为单位的视频监控和防入侵系统，多样化的个人和居家安防产品、服务需求将会随着 5G 网络覆盖和应用的普及同步被激发出来。面向个体的安防服务模式将会出现，安防工作的颗粒度将会越来越精细。在同一个公共安全事件中，针对不同的个体将有可能出现个性化的应急救援方案。站在当下这个时点，这些产品和服务的具体形态还不容易想象，但 5G 技术的应用为所有这些未来安防场景的实现构建了一个必要的基础，只待包括人工智能在内的其他相关技术进一步成熟并应用。

4. 灾害应急应用模式创新

低时延是 5G 技术的一个重要的突破。低时延通信能力对于安防的价值主要体现在两个场景。一个是灾害防治领域，毫秒级的时延让预警系统能够几乎实时收到传感器采集的数据，并以此为基础做出预警动作。对于灾害防治来说，时间就是生命，必须争分夺秒，每提前一秒发出预警都有可能拯救无数人的生命。另一个是 5G 的应用将激发安防相关机器人的协同作战。当出现安全事件时，包括具备监测、报警、处置等功能的安防巡逻机器人、消防机器人、救援机器人等在内，基于机器之间及和云端平台系统之间实时通信基础上开展自动协作，通过"多人协作"共同完成安防工作任务。在这两种场景下，将会有各种创新的模式被不断开发出来，以应对不同的灾害类型，和不同条件下的应急指挥、救援等目标。

以上提到的只是站在当前这个时点，5G 还未真正实现商用的情况下，我们根据 5G 技术的几个主要特性所做的对于安防行业影响的推测。5G 对于个人信息安全、网络安全、工矿企业的生产安全等更广泛领域的影响还很难准确预估，但我们相信在未来 5G 商用之后，一定会有更多的创新应用被开发出来，应用于我们应对和解决安全问题的各个方面，为全社会的安全运行保驾护航。

二、云计算与智能安防

云计算已经成为新时代的关键基础设施，为移动互联网、大数据、人工智能、物联网等新技术的发展提供了必要计算能力。云计算能够取得快速发展也得益于整体科技环境的进步。一方面，互联网产业的爆发带来了巨大的数据处理需求，传统的本地计算方式成本高、效率低、弹性差等弱点逐渐暴露出来，无法很好地应对新的计算需求，需要有一种更优的数据存储和计算方式来满足。另一方面，新一代通信技术的发展让数据的大规模远程传送成为可能，大规模存储技术、并行计算技术等同时取得了突破，共同构建了云计算发展的技术基础。云计算具备的优势和特点使其能够在各个行业、领域取得突破，并逐步取代传统计算方式。概括起来，云计算的主要特点包括以下几个方面。

1. 超大规模计算：低成本获取超强算力

云计算是通过使计算分布在大量的分布式计算机上，而非某一台或几台本地计算机或远程服务器中。这使得"云"具有相当的规模，以及几乎可以无限扩展的计算能力。

2. 虚拟计算：随时随地访问

云计算支持用户在任意位置、使用各种终端获取应用服务。所请求的计算资源来自"云"，而不是固定的有形的实体。计算在"云"中某处运行，但实际上用户无须了解也不用担心运行的具体位置。

3. 高可靠性：更安全

"云"使用了数据多副本容错、计算节点同构可互换等措施来保障服务的高可靠性，使用云计算比使用本地计算机可靠。

4. 高可扩展性：按需使用，即时扩展

云计算不针对特定的应用，在"云"的支撑下可以构造出千变万化的应用，同一个"云"可以同时支撑不同的应用运行。"云"的规模可以动态伸缩，满足应用和用户规模增长的需要。因此，用户可以按照实际需求购买，多用多买、少用少买，充分享受"云"的低成本优势。

5. 即取即用：无须维护

"云"是一个庞大的资源池，使大量企业无须负担日益高昂的数据中心的建设和维护成本，有效提高计算资源的利用效率。

6. 高通用性：快速部署、快速应用

"云"的通用性使资源的利用率较之传统系统大幅提升，大多数企业用户都可以根据自身需求快速部署应用。

云计算技术的这些特点使其成为非常适合安防场景需求的计算方式。

首先，安防数据的典型特点就是大，需要强大的存储和计算能力才能得到有效利用。并且和一般的互联网数据特性正好相反，安防数据存的多读的少，或者说数据来源多规模大，但使用数据的用户数量少、访问频次低。这个特点决定了安防云计算对于数据通信能力的要求相对较低，而对于云端的存储和计算能力的要求相对更高。实际上，安防业务的这个特性正好规避了云计算的劣势，而最大限度地发挥了云计算的优势。尤其在智能安防时代，基于云端强大的计算能力，我们希望能通过对采集的大量安防数据进行分析、挖掘，生成对于未来安全问题的预测，并基于预测情况对相关人群发出预警。从预测的角度，对数据处理能力的需求基本都集中在云端，因此，云计算提供的强大算力和人

工智能的高效算法结合，再配合安防设备采集的海量数据，我们就有可能实现从事后被动应急到事前主动预测的革命性模式升级。

其次，基于开放的云端计算能力，一方面可以实质上推进安防数据的标准化和共享，从而有效提高数据的利用率，真正发挥安防数据的价值，为现实世界的安防服务提供最有力的支持。前面我们讨论过，数据的开放和共享对于安防的智能化发展具有决定性的影响。尤其是安防互联网平台的建设和运营，需要对多来源、多维度的数据进行分析、处理，并将结果反馈到不同的系统或者终端设备，对于数据共享的要求更高，必须基于云计算平台才有可能实现。

再次，开放的云平台能够承载各种创新应用的实现，给各个利益相关方提供发挥其价值的舞台，成为一个具有活力的生态。例如，近两年依托云计算平台获得迅猛发展的微服务方案。微服务指将大型复杂软件应用拆分成多个简单应用，每个简单应用描述着一个小业务，系统中的各个简单应用可被独立部署，各个应用之间是松耦合的，每个应用仅关注于完成一件任务。相比传统的单体架构，微服务架构具有降低系统复杂度、独立部署、独立扩展、跨语言编程等特点。

最后，安防数据的安全性要求和其他领域的情况也不一样。对于安防工作的需求来说，只要数据在一定时间期限内完整存在，没有被人为删除或者破坏，那么这个数据对于安防工作需要来说就是有效的。换个说法，安防数据实际上不怕被人看到或者复制走，只要数据没有被破坏，就能够为公安机关的侦破工作利用，就能够作为必要的司法证据。而云计算采用的分布式数据存储方式高度符合安防数据的安全性要求。也就是说，云计算不能保证数据不被窃取或者复制，全球范围内几乎各个领先的云计算平台都出现过数据泄露的安全事件。但云计算能够保证数据不会灭失，而只要不灭失，对于安防工作来说，数据就还是"安全"的。

尽管云计算技术的特点高度符合安防业务的需求特性，将成为支撑安防智能化发展的重要基础。但鉴于安防业务的多元化和复杂性，对于计算能力的需求也呈现出多样化的特点。单一的云计算模式无法满足全部安防场景的需求，仍然需要包括边缘计算、终端智能等辅助计算能力的支持。其中，边缘计算的作用尤为明显，未来将与云计算平台高效配合，共同推动智能安防的最终实现。

7. 云边协同助力智能安防发展

与依靠几十个分布式的数据中心来完成工作的云计算不同，边缘计算是指在数据源处或数据源附近完成的计算。边缘计算主要有低时延、隐私安全和灵活性三大特点。这些特点使得边缘计算在未来智能安防的结构中占据非常重要的地位。

边缘计算与云计算是互为补充的关系。随着物联网的快速发展，边缘计算设备的逐渐应用，本地化管理变得越来越普遍，数据上云的需求或将面临瓶颈。边缘计算就像是物联网的"神经末梢"，直接在边缘设备或边缘服务器中进行数据处理，从而能够快速响应对于计算服务的需求。云计算就像是安防系统的"大脑"，会将大量边缘计算无法处理的数据进行存储和处理，并将反馈到终端设备。边缘计算有助于降低关键应用的延迟，能够及时地处理设备端采集的大量数据，并快速处理、分析，进而对设备端实施控制。[①] 通俗来说，云计算负责理性分析，并根据分析结果预测未来局面，整体上影响和控制安防系统和设备的运作，以及安防工作的部署。边缘计算负责感性"反应"，按照预设的目标和要求，对周边的刺激（数据）做出即时反馈，控制终端设备的运行或者相关资源的调度。而终端的智能计算则负责采集符合质量要求的数据，并根据来自云端和边缘端的指令做出动作，调整设备的运行状态或者执行特定的安防任务。

总之，云计算已经被证明是一种面向未来的存储和计算方式，并在很多领域都取得了成功的应用，推动这些行业向数字化、智能化方向转型发展。我们相信，云计算将会为安防的智能化发展提供强大的助力，为各种人工智能技术在安防领域的应用提供计算能力支撑。在人工智能和云计算的共同作用下，安

---

① 中国信息通信研究院. 云计算发展白皮书（2018 年）[R].2018.

防领域的海量数据将会展现出巨大的价值，把人类社会带入一个安全问题和风险可预测、可预防、可预警的理想"安全"状态。

三、区块链和智能安防

2008 年，一篇题为《基于点对点技术的数字现金系统》的文章在网络社区发布，比特币由此诞生。此后的 10 年间，寄托着很多人数字乌托邦梦想的比特币在一次次被热炒的过程中，经历着暴涨暴跌的过山车生活。很多人为此一夜暴富，也有很多人为此倾家荡产。直到 Facebook 公司牵头提出在全球发行数字货币 Libra 时，那些曾经对比特币寄予厚望的人才猛然间明白，原来数字货币和数字现金是两个不同的概念，比特币远无法成为其实现乌托邦梦想的载体。尽管属于比特币的时代可能就要远去了，但比特币曾经带动的挖矿热潮，经过各路媒体的大肆渲染，还是带着其核心技术——区块链走进了大众的视野。在比特币、以太坊及各种链的带动下，区块链作为一种新的技术成为研究者、科技公司、爱好者的新宠儿。区块链领域的创业活动非常活跃，各种新的思想和模式雨后春笋般涌现。但遗憾的是，其中的绝大多数都还是聚焦在金融领域，发行类似比特币的新币种，开展 ICO 等资本游戏。很长一段时间，比特币就是区块链，区块链就是比特币。区块链本身的真正价值反倒没有得到足够的重视，区块链技术在产业的应用也迟迟没有打开突破口。对于区块链来说，真可谓是"成也比特币，败也比特币"。

当然，好消息是，虽然比特币的确有可能会真的败了，但区块链其实才刚刚迎来了其发展的黄金期。随着区块链技术研究的发展，我们发现区块链实质上是一种信用创造和管理的机制，或者说是一种增信机制。区块链之所以首先表现成为比特币，正是因为金融是高度信用优先的领域，需要有极强的信用创造和管理的能力，而在数字化的世界里，区块链几乎就是不二之选。认识到这一点，区块链技术就开始逐步在供应链管理、存证等领域找到了新的应用场景。

中国对于区块链的发展给予了高度重视，并将其看作和人工智能等具有同样战略意义的新兴产业之一。政府出台了一系列扶持区块链发展的相关政策，一方面加强对数字代币及相关金融领域活动的监管；另一方面，积极推动区块链技术和应用的研究、相关标准的制定等，推动区块链的产业化应用。一抑一扬，优化了区块链技术发展的环境，也为各方机构参与区块链的研究和应用指明了方向。在政策引导下，"区块链＋"成为产业界关注的新方向，也让区块链技术在传统产业的应用成为探索的热点领域，并相继在司法、能源、物流、医疗、教育等领域出现了很多创新实践。在这个过程中，区块链技术也为相关产业赋予了新的活力。

从安防的角度关注区块链的发展，一是区块链本身的技术机制设计对于信用创造和管理有很高的价值，这一点和安防领域很多场景的需求契合度非常高，两者的结合将很有可能在一些工作中获得创新发展。二是其在数字货币领域的潜力巨大，基于区块链技术的数字货币极有可能在短时间内推出并得到广泛的欢迎，那么这将给与此有关的金融犯罪活动创造新的空间，也为相关的安防工作带来新的挑战。最后，尤其重要的是，区块链技术本身是一种面向未来的分布式计算技术，很有潜力成长为和互联网技术一样的数字社会的基础设施，成为全社会技术应用、模式创新的土壤，大量的服务和应用都在区块链之上构建，安防自然也是其中之一。

（一）什么是区块链

区块链（blockchain）是一种由多方共同维护，使用密码学保证传输和访问安全，能够实现数据一致存储、难以篡改的记账技术，也称为分布式账本技术（distributed ledger technology）。典型的区块链以块—链结构存储数据是一种低成本建立信任的新型计算范式和协作模式。按照系统是否具有节点准入机制，区块链可分为许可链和非许可链。许可链中节点的加入退出需要区块链系统的许可，根据拥有控制权限的主体是否集中可分为联盟链和私有链；非许可链则是完全开放的，也叫公有链，节点可以随时自由加入和退出。

联盟链：根据一定特征所设定的节点能参与、交易，共识过程受预选节点控制的区块链。

私有链：写入权限在一个组织手里，读取权限可能会被限制的区块链。

公有链：任何人都能读取区块链信息，发送交易并能被确认，参与共识过程，是真正意义上的去中心化区块链，比特币、以太坊是公有链最好的代表。

区块链的核心价值在于提升甚至重建全社会的信用水平。信用水平的提升则可以进一步促进人与人之间信任关系的建立，提高协作的效率和透明度，推动数据共享。

因此，区块链的应用更适合信用水平低、信用需求高的场景，更能体现区块链技术的分布式、不可篡改等特性。总体来说，适合区块链的应用场景特点可以总结为：业务主体多、互信程度低、业务关联度高但复杂度低3个特点。首先，区块链的多个参与主体可以一起维护同一套账本，能有效保证各主体之间的数据一致性。避免多方独立记账带来的数据不一致、互相扯皮等问题。其次，区块链各参与方都有自己不同的利益诉求，对其他参与方的信任程度有限，区块链独特的信用构建机制，能有效提高参与方之间的信任关系。最后，区块链各参与主体之间的业务关系越紧密，业务价值越大，对于信用评估的需求就越强烈，应用区块链技术的必要性越大，价值也越高。同时，从区块链算力成本角度考虑，区块链的参与方数量不能太多，业务复杂度也不能太高，整体上对算力和响应速度的要求都在可低成本实现的范围之内。

（二）区块链在安防领域的应用

安防数据不怕被人看到，但对于数据的拥有方或者安防工作的执行机构来说，安防数据被什么人在什么时间看过或者复制过等信息是非常关键的。传统的集中计算方式尽管不至于导致数据的灭失，但却存在非法入侵者擦除浏览记录的风险。在这一点上，区块链技术能够发挥很重要的作用。主要体现在以下两种应用场景。

1. 安防平台的数据共享

安防数据的共享涉及多部门、多地域、多节点的信用管理和安全调用，区块链技术可以保证每一次查阅、调用都可以被记录、监控。因此，依托区块链技术，安防数据共享就具备了很强的"信用"保障，能够在最大限度地保证数据安全的前提下，最大化安防数据的价值。

2. 食品全生命周期的追溯管理

食品的生命周期长，但各个环节之间的界限明确，参与方的角色清楚、数量有限，能够很好地区分不同过程的时间、地点、人员等信息。基于区块链技术的分布式存储、多方维护、不可篡改等特点，在食品全生命周期的追溯和管理过程中，我们能够确保每个环节、每个过程的数据记录准确、真实，为后续查证需求提供数据支持，将会极大地提高非法添加、污染、变质等安全问题发生的成本，从而为食品安全提供保障。

当然，尽管区块链具有去中心化、不可篡改等很多优点，同时也能有效规避数据过度集中的风险。但我们也不能神话区块链的作用。除去区块链技术本身的成熟度还有待提高以外，在安防产业现有格局下，各个参与方对于开放式技术将会带来的文化差异和模式变革的态度，尤其是对现有行业巨头地位的挑战，都会限制区块链在安防相关领域的应用普及速度。

四、机器人与智能安防

机器人之于人类一直都是一个充满想象力的存在。机器人（robot）一词就是由捷克科幻作家卡雷尔·恰佩克在其科幻作品《万能机器人》中创造的。机器人的捷克文原词 Robota 的意思是劳役。从古至今，我们对于探索用一种自动机器来替代人类的工作就充满了热情，特别是一些危险系数高或者体力消耗大的工作。三国时期，诸葛亮设计的能用来运送粮草的"木牛流马"应该算是我国最著名的古代自动机器的代表，但无论功能还是形态，都和我们现在所理解的机器人有很大的差距。从 20 世纪中期开始，随着自动化和计算机技术的发展，现代意义上的机器人才开始出现。1959 年，第一台工业机器人的诞生真正开启了机器人的新时代。

（一）机器人的分类

现代机器人涵盖的范围非常广泛，使得我们很难对机器人做一个统一完整的定义。一般来说，机器人是靠自身动力和控制能力来实现各种功能的机器。当然，随着人工智能技术和机器人本体的结合，关于什么是机器人的问题也需要进一步更新。或者，我们至少需要把机器人分为功能型机器人和智能机器人两种来分别对待。功能型机器人是指能够依靠自身的能力来完成各种功能，辅助人类的生产生活需求。功能型机器人的行动都在人类的控制之下，或者通过预先设定的程序自动执行相应的任务。而智能机器人则是感知、交互、决策、行动等能力的结合，能够独立自主或者与人类、其他机器一起协作完成特定的任务。目前，我们在功能型机器人方面已经取得了很多突破和成就，各种类型的功能型机器人能够帮助我们完成非常多的工作。而在智能机器人方面，我们还有相当大的进步空间，机器人的智能化程度相对还很低。很多号称拥有智能机器人的实际上是伪智能，本质上仍旧是功能型机器人。

从外在形态的角度，我们还可以将机器人分为异形机器人和仿生机器人两种。异形机器人实际上是一种能够完成某项任务的自动机器。最典型的异形机器人就是当下占据了大部分机器人市场的工业机器人，主要是各种机械手臂、AGV 小车等。虽然工业机器人的能力在某些方面已经非常强大，远超出了人类可以达到的范围，并且在很多场景下已经实现了对人类的全面替代，但情感上我们还是对于把一个机械手称作机器人感到多少有些奇怪，特别是在中文的语境中。我们对仿生机器人的探索自古就有，但基本都是以失败告终，尤其以模仿鸟的翅膀探索飞行的案例最广为人知。在现代机器人的发展过程中，仿生机器人仍旧是非常重要的一个分支。只是，当今的仿生已经突破了过去简单对外形和结构的模仿，着重于对生物运动原理的探索，随着自动控制技术的发展，以及各种新材料的不断涌现，仿生机器人的能力越来越强。针对不同领域的需求，仿生的范围也从过去的仿生飞鸟，扩展到仿生鱼、仿生昆虫等多个方向。当然，仿生机器人的终极追求应该是对人形机器人的研究。

对于功能型机器人来说，根据应用场景的不同，还可以分为面向制造环境的工业机器人、面向非制造环境的服务机器人与特种机器人。这个分类是目前国际上比较通行的分类方式。工业机器人就是面向工业应用场景的多关节机械手臂或多自由度机器人。服务机器人则是以人类生活的直接需求作为服务目标的机器人。特种机器人则包括除了以上两种之外的各种特殊功能机器人，如消防机器人、排爆机器人、救援机器人、农业机器人、军用机器人等。另外，还有一种特殊的机器人是近些年发展迅速的无人机，从开始阶段主要以军事用途为主，到现在各种不同功能的民用无人机市场蓬勃发展，广泛应用在影像拍摄、灾难救援、国土监测等多个领域。

（二）安防机器人的现状

安防是机器人应用的一个重要领域。对于安防机器人的研究从 20 世纪末就开始了。进入 21 世纪之后，具有实用功能的安防机器人开始进入应用场景。其中，美国的 SMP 公司与硅谷创新中心合作开发的 S5 巡逻机器人，具有自主巡逻、自动避障、全景视频监控系统、自动跟踪拍摄等功能。美国的 Knightscope 公司则通过融合音视频、室外定位、避障等传感器技术、物联网技术、大数据技术等开发出可以在公共场所采集数据和执行任务的安全警卫机器人 K5。在日本，Tmsuk 机器人公司与 Alacom 安保公司合作开发的 T-34 安保机器人，最高时速可以达到 10 km，并配备有丰富的探测装置，通过采集温度、声音等信息，对周围环境做出分析，并且能和手机实时同步数据。

我国的安防机器人尽管起步相比美、日等国较晚，但发展很快，已经从单纯的巡逻类机器人，扩展到了监控类、侦查类、排爆类和武装打击类等多种类型，应用领域也扩大到巡检安保、楼宇监控、反恐应急、灾难救援等多个领域，包括在一些极端危险情况下代替人类去实施探测、处置、搜救等工作。在机器人技术快速发展的基础上，结合我国人工智能技术的进步，尤其是我国庞大且多元化的市场需求驱动，未来我国智能安防机器人的发展前景必将非常广阔。

（三）智能安防机器人

如前所述，智能机器人的本质是感知、交互、决策、行动等能力的结合。具体到智能安防机器人，需要具备高效采集、识别包括人、车、物等在内的物体信息和各维度危险因素在内的环境信息，能够便捷、准确地进行数据传递，完成人机交互、机机交互，具备高度智能认知能力，能够自主完成决策，自动采取相关行动，并根据对行动结果的评估分析重新决策、行动。

从当前的发展状况来看，智能安防机器人还有很多的技术难题需要解决。导航定位、计算机视觉、目标跟踪、移动与运动控制、检查／巡检、算法、目标检测与识别、传感器、网络及人机交互等都是安防机器人的技术重点。这些技术的进步都很重要，但从安防工作的需求和智能机器人的发展方向角度，有以下两个问题需要考虑。

第一，数据采集和感知能力是智能安防机器人的基础，但不是智能安防机器人的能力重点。智能安防机器人的目标也不是替代视频监控和传感器监测网络，而在于高效的服务和执行能力。或者说，智能安防机器人不能只是成为一个移动的摄像头或者流动的报警器，而是要成为真正具备执勤能力的"机器警察"。既要具备在特定情况下对目标对象实施抓捕的能力，就像消防机器人可以直接通过灭火装置喷水一样，如通过电击装置或者释放催泪瓦斯之类达到制服嫌疑人的目的。当然，智能安防机器人的这些行动能力会带来一系列的伦理问题，并且和科幻作家阿西莫夫提出的"机器人三原则"在一定程度上也是相悖的。机器人三原则分别为：①机器人不应伤害人类；②机器人应遵守人类的命令，与第一条违背的命令除外；③机器人应能保护自己，与第一条相抵触者除外。

第二，安防机器人智能化的目标不是让机器人具备高超的移动能力，既能翻墙又能爬树，而是要通过机器人之间的协同作战，完成对大型公共安全事件的现场控制，如出入口封锁、重点人物追踪，以及在追逃过程中通过锁定目标对象的行踪，通过多机器协同的方式完成围堵和控制。

总体来说，机器人对于智能安防的意义至少包括：①智能安防机器人将会成为流动的数据采集平台；②智能安防机器人将成为人类执行特殊任务的助手或者替身；③智能安防机器人将是应对公共安全事件的移动指挥平台；④智能安防机器人将会成为人机协作和机机协作的枢纽。

第九章 ◉ • • • •

智能安防的方案与实践

　　随着安防行业智能化程度的提高，安防产业的参与者越来越多，越来越多元化。除了传统的安防企业依托自身的市场端优势，逐步拓展软件能力和人工智能的应用，向智能化发展之外，还有包括云服务商、人工智能企业、ICT 企业、大数据企业等纷纷开始涉足安防产业。下面我们就选择几个不同背景的企业来展示智能安防业务的各个不同发展方向，包括传统 ICT 厂商华为、以城市大脑业务切入市场的阿里云、以大数据分析起家的软件企业百分点和明略科技、以人脸识别技术进入市场的人工智能企业商汤科技和旷视科技，以及传统安防巨头海康威视和大华股份等几家。产业背景不同、资源能力各异，各个企业进入智能安防产业的切入点也各具特点。华为基于其强大的芯片能力（华为旗下的海思占据了国内安防芯片近七成市场份额）和在通信、云服务等领域的竞争优势，开始自建智能摄像头生产能力，着力于打通整个产业链，并联合包括 AI 算法企业在内的众多伙伴合作构建智能安防的产业生态。阿里云则基于其城市大脑强大的计算和数据能力，通过收购传统安防巨头宇视科技，从而掌握了从平台建设、云边端计算、大数据分析处理、硬件生产制造等全链条的能力，成为智能安防领域一个非常重要的参与者。而传统安防企业海康威视、大华股份也都在其强大的硬件产品和广泛的客户资源积累基础上，向安防软件、应用系统、人工智能技术等方向延伸，逐步转变为一个软硬兼备的综合产品和解决方案提供商。另外，掀起智能安防浪潮的人工智能算法企业商汤科技、云从科技等，从单一算法开始，逐步下沉，向系统性解决方案，甚至硬件方向拓展。大数据企业百分点、明略科技等则是从数据分析、可视化、知识图谱等方向，依托自身强大的数据技术能力，从软件系统开始进入安防领域。

一、软件定义摄像机

软件定义摄像机[①]是华为公司提出的智能安防解决方案。

（一）企业介绍

HoloSens 是华为旗下的智能安防品牌。依托自身 AI 能力的迅速发展及在大数据、云、5G 等方面的深厚技术积淀，华为推动安防从单维视觉走向全息感知，从洞见当下到预见未来，并推出"2+4+N"战略：2- 基于鲲鹏和昇腾芯片，让 AI 得以普惠；4- 以"真数据、真智能、真开放、真安全"跨越产业发展鸿沟；N- 携手生态伙伴让智能安防走向千行百业。具体包含 4 个方面内涵。

①从"单一视频"到"多维感知"，跨越数据鸿沟：通过 SDC 构建全息感知的重要入口，并融合云端物联网、媒体网、信息网的数据，实现对人、车、物体、环境、行为的全息感知，同时深入挖掘"多维数据"的价值，全面激活城市感知脉搏。

②从"昂贵 AI"到"普惠 AI"，跨越智能鸿沟：依托以昇腾系列化专业 AI 芯，打造端、边、云的全系列智能安防产品，让 AI 真正在实际场景中得以应用，将智能推向全境，实现普惠 AI。

③从"安全防范"到"智慧商业、智慧民生"，跨越开放鸿沟：坚持"AI+平台 + 开放"的理念，以"鲲鹏 + 昇腾"为核心，构建算法与应用商城，打造支持不同种类、不同厂商的多算法并行框架体系，建设全球 OpenLab 以促进全

---

① 信息来源：华为公司官网。

球的本地化合作，与伙伴一起共同丰富智能生态体系。

④从"补丁式"到"体系化"，跨越安全鸿沟：从业务流程、组织架构、产品开发、交付服务等全业务流程持续打造"Build-in"的安全体系，致力于为客户提供可信的产品与服务，帮助客户实现"体系化"安全。

华为 HoloSens 智能安防面向交通、园区、教育、金融等行业提供软件定义摄像机、智能视频云平台、智能视图大数据平台、智能指挥平台，携手算法、应用等领域的合作伙伴，推动安防进入智能新时代，预见未来。

（二）方案简介

安防行业已进入智能时代，摄像机将从"看得见"迈入"看得深""看得懂""能预见"的多维智能感知视界。相比较传统摄像机因软硬件绑定而产生的应用局限性，华为首创软件定义摄像机理念，明确三大核心标准暨拥有专业 AI 芯片、开放的摄像机 OS、开放的算法和应用生态，华为采用智能算法与硬件底座分离的设计理念，在硬件底座算力充足的情况下，通过对摄像机前端算法的不断在线迭代，实现一次硬件投资、全生命周期内算法可持续成长。软件架构开放，汇聚生态伙伴优秀算法，实现普惠 AI，为客户持续创造社会价值与商业价值。

面对多变的需求，海量的信息和数据，AI 算力成为智能安防产品的一大重要基础，华为软件定义摄像机（software-idefined camera，SDC）以超强算力 AI 芯片加持打造 X（eXtra）、M（magic）、C（credible）三大系列，通过不同算力，加载不同算法，以服务于多样的智能化需求。

基于软件定义摄像机的方案，华为的智能安防可以实现以下效果。

1. 全息感知

采用智能图像识别技术，自动识别逆光、低照度、雨雾、人物、车辆等不同场景，自主调整摄像机参数，帮助客户获得最佳的图像质量，确保关键信息不丢失。

2. 全场景智能

依托于华为自主研发海思芯片的超强算力，轻松实现每帧 200+ 人脸画面抓拍，同时，准确识别戴口罩、戴墨镜等非约束场景，广泛应用于交通、平安城市、园区等各类应用场景。

3. 全网协同

华为充分考虑客户现网存量摄像机智能化需求，利用华为软件定义摄像机充足算力，实现 1 个智能摄像机带动周边 2～3 个普通摄像机智能升级，客户无须大规模现网改造，轻松实现全网智能。

4. 按需定义

华为软件定义摄像机支持算法插件在线更新，具备算法持续演进能力。同时，算法伙伴可利用开放的软件架构，助力客户快速择优上线智能新应用，优化业务处理流程，有效提升企业效率。

二、智能安全分析系统

智能安全分析系统[①]是大数据和人工智能企业百分点集团针对公安业务的解决方案。

（一）企业介绍

人工智能百分点是中国领先的数据智能技术企业，拥有完整的大数据和认知智能产品线，以及行业智能决策应用产品，同时创建了丰富的行业解决方案和模型库，拥有强大的行业知识图谱构建能力。目前已服务于国内外 10 000 多家企业与政府客户，致力于推进数据到知识再到智能决策的演进。

以"用数据智能推动社会进步"为使命，百分点构建了企业级、政府级和 SaaS 服务三大核心业务体系，覆盖报业、出版、零售快消、金融、制造等多个行业，涉及数字政府、智慧政府和公共安全等多领域，并提供舆情洞察、在线调查、社交媒体大数据聆听、MobileQuest 等多款 SaaS 产品。

为了促进科技落地，百分点一直注重产学研用相结合，已经与北京大学、

---

① 　信息来源：百分点公司官网。

中国人民公安大学、中央财经大学等多家国内一流高校和研究机构，成立了 8 个合作研究中心。在国际市场，百分点向亚洲、非洲、拉美等多个国家和地区提供国家级数据智能解决方案，帮助当地政府实现数字化和智能化转型。

百分点凭借产品技术的创新及坚实的服务，获得业界的多方认可。多次入选 Gartner、Forrester、德勤、毕马威等国际知名分析机构的权威榜单；屡获大数据和人工智能领域重量级奖项；核心产品通过多个国家级权威机构认证。

（二）方案简介

百分点智能安全分析系统 (DeepFinder)，是一套综合运用可视化分析技术、场景化战法模型、协同作战平台，实现对线索的准确研判及高效共享的分析系统。该系统依托大数据和人工智能技术，汇聚公共安全领域海量、多源、异构数据，构建基于人、地、事、物、组织等要素的统一、灵活、动态可扩展的专业知识图谱，挖掘数据中蕴含的时空规律与关联关系，可应用于复杂关系网络挖掘、多层级资金流向分析、社交媒体分析、反恐预警分析、恐怖威胁评估等多种场景，帮助公共安全和执法部门提高预测、预警、预防能力。

智能安全分析系统的功能主要包括以下方面。

1. 联合搜索

通过可视化的交互界面，帮助用户迅速发现数据中所隐藏的行为模式、异常现象、相互关系及所关注的实体对象，包括关键词搜索、复杂搜索、关联搜索、全文检索、地理空间搜索等方式。

2. 关联分析

系统包含关联信息分析、时间信息分析、流动信息分析、空间信息分析及统计信息分析等功能，帮助用户发现分析目标与相关实体的相互关系、分析目标之间的关系，以及分析目标的地理分布特征、不同事件的规律等。

3. 风险识别

从海量的原始信息中筛选出可疑事件，并监测重点人员、物品、组织及其相关事件，通过协同工作平台推送至线索分析人员进行相应处理工作。

4. 战法管理

结合公共安全行业专家知识，拥有近千种战法应用，如传播路径、关键节点、意见领袖、异常交易、两者关系、同乘同住、互转互评、相似文档等，支持分析人员快速对海量信息展开分析研判，锁定嫌疑目标。

5. 协同工作

系统可作为用户的消息管理平台、任务管理平台、资源共享平台，为每个用户提供一个单独的工作空间，用户可以在该空间内进行任务分配、监测任务状态、接收可疑信息等工作。

智能安全分析系统具有以下几个方面的优势。

1. 敏捷的大数据管理平台

管理平台将来源庞杂的数据通过数据清理、集成、变换、归约、融合等手段进行处理，支持对结构化、半结构化、非结构化海量数据的整合，使其达到可分析状态。在数据规模可扩展性基础上，兼顾数据分析实时性与灵活性，实现海量批处理和高速流处理。

2. 创新的动态知识图谱技术

通过动态本体技术将海量数据资源抽象成实体、事件、文档、关系及属性，构建多节点、多边关系的动态关联知识图谱。提供全域数据搜索能力，支持按时间、空间、事件、人物等维度进行聚合关联检索，实现信息的高效挖掘。

3. 可视化时空分析与关联分析

基于可视化分析技术、地理信息系统技术，以多维透视交互方式，展现数据对象之间在宏观与微观、时间与空间等维度的关联关系，帮助分析人员快速实现多维筛选，排除干扰信息，聚焦关键线索。

三、智能消防解决方案

智能消防解决方案 ① 是阿里云"城市大脑"板块众多功能之一，主要面向消防业务的智能化解决方案。

（一）企业介绍

阿里云创立于 2009 年，是全球领先的云计算及人工智能科技公司，为 200 多个国家和地区的企业、开发者和政府机构提供服务。阿里云致力于以在线公共服务的方式，提供安全、可靠的计算和数据处理能力，让计算和人工智能成为普惠科技。阿里云在全球 18 个地域开放了 49 个可用区（了解全球基础设施），为全球数十亿个用户提供可靠的计算支持。此外，阿里云为全球客户部署 200 多个飞天数据中心，通过底层统一的飞天操作系统，为客户提供全球独有的混合云体验。

数据智能是阿里云研发的超级智能，用突破性的技术，解决社会和商业中的棘手问题。目前已具备智能语音交互、图像／视频识别、机器学习、情感分析等技能，数据智能的核心能力在于多维感知、全局洞察、实时决策、持续进化在复杂局面下快速做出最优决定。针对各行各业，阿里云的科学家对数据智能进行专项训练，研发出了城市大脑、工业大脑、医疗大脑、环境大脑等，在各行各业成为人类的强大助手。

其中，ET 城市大脑利用实时全量的城市数据资源全局优化城市公共资源，即时修正城市运行缺陷，实现城市治理模式、服务模式和产业发展的三重突破。城市治理模式突破主要体现在提升政府管理能力，解决城市治理突出问题，实现城市治理智能化、集约化、人性化；城市服务模式突破主要体现在更精准地随时随地服务企业和个人，城市的公共服务更加高效，公共资源更加节约；城市产业发展突破主要体现在开放的城市数据资源是重要的基础资源，对产业发

---

① 信息来源：阿里云公司官网。

展发挥催生带动作用，促进传统产业转型升级。

（二）方案简介

阿里云智能消防解决方案聚焦智慧消防五大场景的隐患管理，实现消防隐患"15 秒报警信息触达 +3 分钟到达现场 +100% 事件响应处置"，构建"以防为主，防消结合"业务双闭环的智慧消防综合治理体系，真正做到"防火于未燃"。

方案架构基于阿里云 IoT 城市物联网平台，实现海量异构消防终端设备的统一接入管理。通过数据挖掘和分析发现隐患，全面提升火灾防控、消防监督检查及消防安全评估等工作的科学性，实现消防监管从经验型向数据决策型转变。阿里云智能消防解决方案具备全域感知、火患预警、多维研判、智能调度等特点，充分体现了以下价值。

1. 突出火患协同共治

打通政府、消防部门和社会单位的数据通道，实现政府、消防部门、物业、运维服务单位联动火警处置，提升应急响应能力。

2. 实现主动性防火

对消防安全态势提供动态评估，对消防物资和消防力量进行合理化资源配置，消防管理化"被动"为"主动"。

3. 全域感知精准防控

实现对消防力量、消防物资、消防隐患和火灾全域全时感知，及时上报，协同处置，形成防火和灭火闭环管理，为人民群众的生命安全和财产安全构建智慧化的安全屏障。

4. 消防数据全时在线

消防设备状态数据、隐患和报警数据、设备故障数据、巡检管理数据云端汇聚呈现，消防安全管理有迹可循。

阿里云智能消防解决方案的优势主要体现在以下方面。

1. 消防隐患全链路闭环处置

打造"态势感知—隐患排查—事件联动—及时处置"的全链路闭环。丰富消防隐患感知维度，提高物业消防处置能力，建立物业消防、社会消防力量和专业消防力量相结合的消防管理模式，真正做到"防火于未燃"。

2. 烟、火难逃"火眼金睛"

基于阿里云 IoT 边缘端 LVN 视频接入和 AI 算法能力，智能识别明火、烟雾，适用于室内／室外、白天和黑夜多种场景，在线识别、精准定位火情。

3. 基于 BIM 构建应急预案

基于 BIM 架构的消防管理系统，融合消防设备基本信息和状态信息。根据不同的火情和设备状态，通过室内精准定位，自动生成疏散路径，为消防演练、应急预案制定、紧急情况应对提供沉浸式、可视化的空间框架。

4. 区块链加持数据安全可靠

将区块链不可篡改、信息安全共享的技术特点与消防报警数据、巡检数据、隐患数据相结合，解决消防数据在流程过程中虚假上报、篡改记录的问题，使各消防主体责任清晰明了。

四、方舟城市级开放视觉平台

SenseFoundry 方舟城市级开放视觉平台 [1] 是人工智能企业商汤科技发布的以构建城市视觉中枢系统为目标的解决方案。

（一）企业介绍

作为全球领先的人工智能平台公司，商汤科技 SenseTime 是科技部指定的"智能视觉"国家新一代人工智能开放创新平台。同时，商汤科技也是"全球最具价值的 AI 创新企业"，总融资额、估值等在行业均遥遥领先。2018 年 9 月，科技部宣布依托商汤科技建设智能视觉国家新一代人工智能开放创新平台，商汤成为第 5 家凭借人工智能的创新技术获此殊荣的公司。

商汤科技以"坚持原创，让 AI 引领人类进步"为愿景。致力于研发创新人

---

[1] 信息来源：商汤科技官网。

工智能技术，为经济、社会和人类发展做出积极的贡献。

公司自主研发并建立了全球顶级的深度学习平台和超算中心，推出了一系列领先的人工智能技术，包括人脸识别、图像识别、文本识别、医疗影像识别、视频分析、无人驾驶和遥感等。商汤科技已成为亚洲领先的 AI 算法提供商。

（二）方案简介

该平台以商汤原创深度学习算法为核心，采用 SOA 与微服务架构设计，支持人脸识别和分析，可支撑上层应用的实时黑名单布控、轨迹还原等业务。定位于可扩展至十万路级别视图源、千亿级别非结构化特征和结构化信息融合处理和分析的开放视觉赋能平台。该平台具备以下主要特点。

①微服务架构，容器化部署，应用快速上线。

②支持单机版和分布式版本，可平滑扩展。

③支持关键数据 3 副本保护，避免单点失效。

④基于 GPU 的亿级静态大库高并发秒级检索。

⑤基于 GPU 的千亿级路人库高并发秒级检索。

⑥具备大容量、高性能、高可用性、高开放度。

五、全城 Smart 智慧监控解决方案

全城 Smart 智慧监控解决方案[①]是海康威视面向平安城市建设的一个综合性智能解决方案。

（一）企业介绍

海康威视是以视频为核心的智能物联网解决方案和大数据服务提供商。

海康威视拥有视音频编解码、视频图像处理、视音频数据存储等核心技术，以及云计算、大数据、深度学习等前瞻技术，针对公安、交通、司法、文教卫、

---

① 信息来源：海康威视公司官网。

金融、能源和智能楼宇等众多行业提供专业的细分产品、IVM 智能可视化管理解决方案和大数据服务。在视频监控行业之外，海康威视基于视频技术，将业务延伸到智能家居、工业自动化和汽车电子等行业，为持续发展打开新的空间。

海康威视产品和解决方案应用在 150 多个国家和地区，在 G20 杭州峰会、北京奥运会、上海世博会、APEC 会议、德国纽伦堡高铁站、韩国首尔平安城市等重大项目中发挥了极其重要的作用。

海康威视是全球视频监控数字化、网络化、高清智能化的见证者、践行者和重要推动者。2011—2017 年蝉联 iHS 全球视频监控市场占有率第 1 位。2016—2018 年，《安全自动化》公布的"全球安防 50 强"榜单中，蝉联全球第1 位。

海康威视秉承"专业、厚实、诚信"的经营理念，坚持将"成就客户、价值为本、诚信务实、追求卓越"核心价值观内化为行动准则，不断发展视频技术，服务人类。

（二）方案简介

过去 10 年，各地平安城市建设如火如荼，点位骤增，数据爆炸性增长，由此给公安业务应用带来了严峻的技术挑战和困难：海量的监控探头每天记录下的视频是一种非结构化数据，这些数据在以运动图像的形式被人脑所接收和理解之前毫无意义，因此多年来，公安针对视频监控系统的应用仍停留在人工查证的阶段。面对海量的图像数据，人工排查犹如大海捞针，费时费力，效率低、成本高，在大量人力投入的公安案件追溯中，都常常耳闻"看到晕""看到吐"等无奈和感叹。

为解决这个困扰行业多年的问题，海康威视在业界推出"智慧前端、智慧存储、智慧应用"的全城 Smart 监控解决方案，并率先在多个平安城市建设中得到应用。

智慧监控系统通过在普通监控摄像机中嵌入多种智能识别算法，给探头装上"智慧大脑"，在不增加任何附加成本的情况下，实现了对监控系统"智慧"

技术的革新，主要体现在以下方面。

1. 弹智能化告警

Smart 摄像机能够自动发现异常情况（如越界、进入／离开区域、区域入侵、徘徊、人员聚焦、快速移动、非法停车、物品遗留／拿取等），并可将报警信息传送至 Smart 平台，实现主动视频防控。

2. 搜结构化数据

Smart 摄像机能够自动识别车牌，并可将提取的车牌号码、车牌颜色等结构化信息存入 Smart 平台，实现智能化特征搜索，精准定位特定目标，同时还能进行车辆黑名单布撤控。

3. 看浓缩化录像

Smart 摄像机能够自动完成动静分离，并可将实时分析出的智能多元信息直接存入 Smart 存储设备，实现视频的智能检索、浓缩回放、摘要回放，极大提高录像的查看效率。

（三）核心产品

1. Smart 摄像机

全面支持 1 项特征识别（车牌抓拍识别），5 项智能侦测（人脸侦测、图像虚焦、场景变更、无音源输入、突发尖叫事件），以及 10 项行为分析（越界、进入／离开区域、区域入侵、徘徊、人员聚焦、快速移动、非法停车、物品遗留／拿取）等智能增值功能。

2. Smart 存储

采用更贴近安防应用的基于视频流直写技术的存储产品，实现前端 Smart 摄像机的智能接入、智能存储、智能回放、智能管理。同时具备 ANR 断网补录技术、监控级硬盘 RAID 技术、录像锁定技术、N+1 整机热备技术等录像保护机制，保障录像的完整性和安全性。

3. Smart 平台

基于云计算技术、视频大数据处理技术构建中心监控平台，以公安业务应用需求为导向，提供贴近公安实战需要的智慧监控应用。

（四）用户价值

1. 破案效率提高

从传统的视频回看、人工查证，转向以车牌搜索、特征搜索为核心的智能搜索应用，以及以浓缩播放、视频摘要为核心的智能查看应用，破案时线索排查效率提升 20 ～ 100 倍。

2. 指挥效率提高

可通过密布全城的智慧监控网，实现车辆智能布撤控，主动发现黑名单车辆并及时报警，真正做到"一点布控，全城追踪"，在公安执行布控缉逃任务时可极大提高指挥效率。

3. 防控效率提高

能够实时分析，自动发现人员聚焦、徘徊、非法停车等异常情况并提示报警，促成监控业务模式从事后查证到主动视频防控的质的飞跃，提高城市治安防控预警效率。

智慧监控是一种全新的监控理念，它将从根本上改变目前公安视频业务应用的模式，全面提升公安机关侦查破案、指挥调度、治安防控的能力和效率，为新一代平安城市建设带来深刻的变革。

六、警务大脑平台

"警务大脑"[①] 是明略科技集团针对公安决策、指挥的智能化需求而打造的集数据融合、分析、挖掘、应用等功能为一体的综合智能警务解决方案。

---

① 信息来源：明略科技集团官网。

（一）企业介绍

明略科技集团是中国领先的一站式企业级人工智能产品与服务平台，致力于探索新一代人工智能技术在知识和管理复杂度高的行业中的落地。打通感知与认知智能，通过多模态人工智能和大数据技术，连接人、机器、组织的智慧，最终实现具有分析决策能力的高阶人工智能应用，让组织内部高效运转，让更多的人和资源投入创新的工作中去，实现人机同行的美好世界。

2018 年 9 月，明略科技联合公安部第一研究所共同发布业内首个《公安知识图谱标准化白皮书》。

（二）方案简介

"警务大脑"作为公安核心决策中心，可实现各警种多源数据信息的高度融合，进行宏观态势的全方位感知。结合机器学习、模式识别和智能分析等先进技术，能够自动识别潜在风险点，实现重点问题的超前预测、治安隐患的超前排查、可疑人员的提前盯防、各方态势的精准掌握，在支持案件侦办的基础上实现了犯罪预防；通过多警联动和专业分析，从根本上提高了公安机关打击犯罪、应急处突、治安防范、社会治理等多方能力与效率。

（三）方案优势

①国内首创基于公安行业知识图谱的标准。

②可视、高效、深度关联、智能演进的数据治理能力。

③创新公安大数据使用交互模式。

④创新大数据背景下的公安情报内生能力。

⑤创新警务大数据服务模式。

（四）应用场景

1. 公安大数据资源融合服务平台

负责公安内外部各类数据的接入和治理，将公安机关掌握的各类数据融合汇总成为人、地、事、物、组织等实体为节点，属性、时空、语义、特征等联系为边的关系网络，从而再现真实世界对象之间的错综复杂的关系，为警务大脑平台提供可靠的数据支撑。

资源融合服务平台主要包括数据接入、数据处理、数据治理、数据建库和数据服务等内容。

2. 思维中心基础研判

思维中心主要提供各类实战的支撑，用于对具体问题进行研判支撑。主要功能包括：①治安态势分析：可实现人员多维分析、案件多维分析、警情多维分析等；②检索：实现各类数据的实时检索；③知识图谱研判：可基于知识图谱实现人员关系可视化研判；④信息核查：包括人员背景信息核查及车辆核查；⑤线索分析：提供案件、线索、车辆、资金流等各类线索分析工具等功能。

思维中心可加速侦查人员获取有效信息的效率，延伸侦查人员的侦查智慧，提高侦查人员对数据的掌控和利用水平。

3. 知识图谱挖掘模型

根据不同的业务场景，基于公安知识图谱，构建各类分析和挖掘模型，通过分析人员关系，发现隐藏在后面的团伙关系及潜在 ZDR，帮助公安人员掌握全面的犯罪人员情况，获取相关违法犯罪行为的线索。

知识图谱挖掘模型提供各种专业模型包，包含大量针对各类犯罪人员及群体的挖掘模型，用于支持业务人员的分析研判。

4. 警种专业智能应用

提供更为复杂的挖掘模型应用，警种智能应用结合各行动部门的痛点问题，通过犯罪特征的归纳，并有针对性地引入相关数据资源，通过大数据算法、模型确定相关违法犯罪人员的身份、位置、关系等情况，并根据积分计算进行高危人员的推荐，帮助行动部门获取精准行动线索，从而有效进行犯罪打击。

警种专业智能应用包括模型和应用，针对多个专业警种提供面向业务需要的全流程闭环服务及用户辅助研判的模型集。

警种专业智能研判提供高危涉毒人员及团伙分析挖掘应用、高危假药售贩卖人员及团伙分析挖掘应用、高危车险诈骗人员及团伙分析挖掘应用、高危盗抢骗人员及团伙分析挖掘应用、扫黑除恶人员及团伙分析挖掘应用、网络雇凶人员及团伙分析挖掘应用、网络贩枪人员及团伙分析挖掘应用、高风险人员预测分析挖掘应用等多种服务于警种实战的智能应用模块。

5. 警务大脑门户

警务大脑门户主要整合核心的应用功能，为用户提供统一的导航与准入。通过单点登录、用户管理等手段，基于门户整合警务大脑的各类功能，实现本平台线索挖掘、情报研判、侦察分析手段的用户端共享和集成，由应用导航、线索预警、信息推送等功能组成。X 战警应用门户提供全站的应用导航服务和统一的身份认证及权限划分，分公共服务区域和个人服务区域，并根据角色的不同，提供不同的系统使用、信息发布权限。

七、融合指挥中心解决方案

融合指挥中心是大华股份面向警务实战指挥需求的综合性智能解决方案[1]。

（一）企业介绍

浙江大华技术股份有限公司是全球领先的以视频为核心的智慧物联解决方案提供商和运营服务商，以技术创新为基础，提供端到端的视频监控解决方案、系统及服务，为城市运营、企业管理、个人消费者生活创造价值。

自 2002 年推出业内首台自主研发 8 路嵌入式 DVR 以来，一直持续加大研发投入和不断致力于技术创新，每年以 10% 左右的销售收入投入研发。基于视频业务，公司持续探索新兴业务，延展了机器视觉、视频会议系统、专业无人机、智慧消防、电子车牌、RFID 及机器人等新兴视频物联业务。

公司产品覆盖全球 180 个国家和地区，广泛应用于公安、交管、消防、金融、

---

[1]　信息来源：大华股份官网。

零售、能源等关键领域，并参与了中国国际进口博览会、G20 杭州峰会、里约奥运会、厦门金砖国家峰会、老挝东盟峰会、上海世博会、广州亚运会、港珠澳大桥等重大工程项目。

大华连续 13 年荣获中国安防十大品牌；连续 12 年入选"a&s""全球安防50 强"，2018 年排名全球第 2 位；在 IHS2019 发布的报告中全球 CCTV& 视频监控市场占有率排名第 2 位，是中国智慧城市建设推荐品牌和中国安防最具影响力的品牌之一。

（二）方案简介

大华指挥中心解决方案围绕指挥实战应用平台这个核心，将业务流程中涉及的报警监控、融合通信、预警研判等子系统接入，同时完成与外部警务平台的对接，并由大屏显控子系统实现上墙展示。

指挥调度系统整体分为 6 层，分别为前端采集层、传输链路层、基础服务层、数据服务层、子系统支持层和业务应用层，各层说明如下。

第 1 层为前端采集层：负责外围辅助设备的接入，包括视频摄像设备、音频采集设备、解码上墙设备、移动警务终端等。

第 2 层为数据接入层：负责数据传输接入，支持多种网络搭载方式，满足扁平化多系统接入要求。

第 3 层为基础服务层：对目前警用基础应用平台进行融合，满足音视频、警务应用系统挂图展示，简化应用界面。

第 4 层为数据服务层：负责数据结构化存储和开放数据对接端口，对公安信息基础数据、警情数据、车脸数据、人脸数据、警力数据、地理信息等数据进行统一存储管理。

第 5 层为子系统支持层：主要由监控子系统、融合通信子系统、预警研判子系统、大屏显控子系统、警务对接子系统组成，对于音视频设备进行统一管理。

第 6 层为业务应用层：应用层主要是展现给客户，客户可以操作的一些应用，包括可视化警情管理、警情同步下发、空中出警、资源综合展现、扁平化指挥调度、网格化巡防管理等应用功能。

（三）方案优势

1. "一张图"应用

整合 PGIS/GIS 系统，集成显示各类扁平化指挥的调度资源，并在图上进行业务功能操作。支持将用户收集的医院、学校、消防、警务室、拦截站等资源通过自定义图层的方式在电子地图上展现。

视频监控、卡口、电子警察、警车、移动单兵设备、社会资源等均能够在电子地图中上综合展现，并可以通过图层的方式过滤重点关注对象。通过电子地图将时间、空间、资源三者有机融合，充分保证系统调度的精确性和时效性。

2. 警情处置全程可视化

平台支持与"三合一"接处警平台进行对接，将接处警系统中获取的警情信息实时导入平台中，并实现在电子地图上的定位和警情案件统计分析功能。

报警信息将会在接警列表中显示。当点击某个报警信息时，电子地图将会对案发地点进行精确定位，并通过方形窗口显示案件级别、报警人、报警信息及接警一线民警的相关信息。同时将可以进行空中出警，即警力未到视频先到，通过圈选查找周边相关的视频资源并打开了解现场情况。再查找周边警力警车资源，从而了解警力警车资源状态和位置，再将警情相关文字、图片、视频内容下发。民警收到警情后，可实时传回警情处理状况，便于指挥中心掌握所有警情处置进度，做到全程可视化。

3. 扁平化指挥调度

指挥员基于指挥实战平台，可通过融合通信子系统，快速将指令直达一线警员，现场情况通过固定监控、车载监控、单兵等实时回传到指挥中心支撑决策，从而实现扁平化指挥。

4. 警卫安保

警卫巡逻功能可以制作摄像头巡逻预案，将预先选定的摄像头按顺序快速切换，无须多次选择。在执行保障任务和领导人出访任务时，将保障区域，或者领导人出访线路中的摄像头设置警卫巡逻任务，就可以随时锁定目标区域，通过上下方向键，就能快速切换监控点位。

5. 网格化巡防

通过设置巡防预案精确把握警力的投放，并结合视频巡防及智能化巡防技术，提高系统动态巡防的整体效能，对于未按规定进行巡防的警力人员，平台及时进行离岗报警，从而加强对巡防人员的管理。

八、智慧社区实有人口解决方案

智慧社区实有人口解决方案[①]是云从科技基于领先的人脸识别技术，针对社区人口管理和安全防控需要开发的一套智能解决方案。

（一）企业介绍

云从科技孵化自中科院重庆研究院，公司受托参与了人工智能国家标准、行业标准制定，并成为第一个同时承担发展改革委人工智能基础平台、应用平台，工业和信息化部芯片平台等国家重大项目建设任务的人工智能科技企业。云从为客户提供个性化、场景化、行业化的智能服务。

运用先进的 3 级研发架构，云从科技取得 3 项重大技术突破：国内首发"3D 结构光人脸识别技术"，打破技术垄断；首次商用跨境追踪（ReID）技术，纪录保持至今；人体 3D 重建技术加快算法速度 20 倍，并将准确率大幅提升 30%。

云从科技业务涵盖金融、安防、民航、零售等领域,通过行业领先的人工智能、认知计算与大数据技术形成的整合解决方案，已服务 400 家银行 14.7 万个网点、

---

① 信息来源：云从科技官网。

31 个省级行政区公安部门、80 余家机场，实现银行日均比对 2.16 亿次、公安战果超 3 万起、机场日均服务旅客 200 万人次。

（二）方案简介

近年来，随着国家经济建设的飞速发展，城市流动人口具有流动性大、管理难度高等难点，为人民群众安居乐业和社区管理带来了巨大的威胁和挑战。云从科技将人脸识别技术应用于社区安全防范和惠民服务，以 AI 赋能社区应用场景，实现社区服务智能化的管理精准化，打通社区安全防范的最后 100 m。

（三）方案特点

1. 实时

依托前端智能设备的动态感知，实时获取社区通行记录与人脸感知数据，实现信息的实时汇聚、展现。通过公安或街道业务数据与实时数据的碰撞与分析，实现实有人口、实有房屋、实有单位信息的动态更新。以数据自下而上的汇聚模式取代数据自上而下的分发模式，在满足基层社区管理应用的基础上，提高了数据资源的实时性、准确性和有效性。

2. 精准

以数据为基础，实现人、车、房等关键对象的标签化管理，系统通过对标签人员的行为研判，自动分析异常情况，辅助社区基础管理单位在工作中明确工作重点。同时，以"外来人员感知""疑似搬离""关注人员布控"等应用为代表的信息推送，有效提升社区管理的及时性和精准性。

3. 智能

分布式 AI 技术、大数据分析挖掘技术在社区实有人口管理工作中的应用，实现社区实有人口管理由静态人工方式向动态方式的转变，实现各类人员标签化分类管理、动向实时掌控。

（四）应用场景

1. 面向公安、街道等主管单位

实现社区实有人口标签化管理，针对本社区重点关注人群进行实时、准确有效的管理，对外来重点人口进行有针对性的防控，根据不同人员属性与特点，采用有针对性的数据应用模型，实现人口管理的精准有效与安全风险的有效防控。

2. 面向社区物业与居民

通过智能化技术在社区的应用，能够有效杜绝社区外来闲杂人员在社区的流动，提升社区的居住安全。通过无感式人脸识别门控、移动 APP 的应用和以丰富社区生活为目标的增值服务，提升社区智慧服务水平，提升居民的安全感、获得感与幸福感。

第四部分

智能安防的未来展望

技术的发展，尤其是通用人工智能技术的发展，会从根本上改变安防行业的未来面貌。从另一个维度看，社会结构的变化和安防应用的全面覆盖，会深刻改变整个社会的形态。那么未来，与人工智能深度结合的安防将会走向何方？我们将会生活在一个什么样的社会中？人工智能挣脱人类的束缚之后，以人为本的安防又将面对什么样的挑战？智能安防真的会让我们更安全吗？

第十章 ●●●●

智能安防的未来生态

　　按照目前数字化、智能化发展的趋势，或许不久的将来人类就将要面对一个全新的社会形态和生存方式。这个未来形态由现实的物理世界和虚拟的数字世界融合而成，而主宰这个融合世界的是由人类智能和机器智能有机结合而成的混合智能。

　　实际上，一个现实和虚拟融合的新世界的雏形其实已经逐渐浮现。根据CNNIC 2015 年的一个调查，很大一部分人群每天有超过 5 小时的时间是在电子游戏中度过的。其中，被调查的游戏用户中，超过 6.9% 的 PC 网游用户、13.8% 的 PC 端游用户、3.3% 的手游用户的日均在线时长超过 5 小时，占据了这些用户几乎全部的闲暇时间。在工作场合中，越来越多的场景都已经被电子化，大量的工作都是通过各种办公软件和网络完成的。我们的时间越来越多地被电子邮件、远程会议、微信、钉钉、信息系统等占用。生活中，我们已经习惯了出门不带钱，各种移动支付手段已经覆盖了生活的各个场景，小到买菜、购票、停车，大到投资、买房、买车都可以通过扫描一个二维码来完成。而且，刷脸支付这种更加便捷的方式已经在快速普及，未来我们出门可能连手机都不用带了。一个无现金的社会正在到来。近几年，VR、AR、MR 等虚拟现实相关技术和设备的快速发展，现实世界和虚拟世界之间的界限越来越模糊，正逐渐被消弭。随着数字化技术的不断进步及在人类生产、生活各个方面的快速渗透，一个纯虚拟的世界正在形成，数字化生存正在走进我们的现实生活。

同时，尽管 Alpha Go 的表现已经给人类社会带来了巨大的惊喜或者打击，但实际上 Alpha Go 只是从未来世界的门缝里透过来的一点微光而已。目前阶段的人工智能还只是人类智能的延伸，未来将会进化为以数据和算法为核心的机器智能。而以人类为主导的人工智能的发展，将持续为机器智能的形成和进化创造条件。包括安防监控网络在内的物联网应用的普及则会给机器智能的发展提供大量的数据和应用场景。当机器能够自主创建算法，并在海量数据支持下不断进化，一个独立于人类的新物种将横空出世，与人类共同主宰虚拟和现实融合的未来世界。人类智能和机器智能的混合将彻底改变目前人类和机器的协作模式，形成新的分工。

在这样一个社会发展的宏观背景下，智能安防产业将会出现哪些变化？未来的安防行业将是一个什么样的生态呢？

一、行业趋向一体化

从行业发展的角度来看，智能安防行业将呈现一体化的发展趋势。行业各个参与方虽然起点各不相同，但未来发展目标一致，都希望能够打造内部一体化的智能安防解决能力。

首先，鉴于安防业务产生的数据量极其庞大，对于计算能力的要求极高。如果传统的计算方式没有取得突破性发展，那么算力就将是稀缺资源，算力提供者在产业链中的重要性会很高。而一旦计算方式获得突破，如量子计算进入产业化应用，那么算力将不再是问题。从目前的情况来看，云计算的产业格局已经基本确定。智能安防的市场规模和对云计算资源需求也不支持一个专门面向安防的行业性云平台出现，通用型云平台完全能满足安防业务的需求。但安防业务对于边缘计算的需求很强烈，未来的空间也很大，虽然云计算服务商在开拓边缘计算业务上有一定的优势，但这个新的市场还能够容纳更多的参与者，包括终端产品企业在内的各路玩家都有很好的机会。

以感知为目标的 AI 算法，通用性太强，一旦原理取得突破，剩下的就是数据"喂养"和模型调参的事儿，竞争者之间很快就能达到差不多的水平。达到一定的水平之后，算法本身的技术优越性就会越来越低，尤其在产业场景中的应用价值差异会越来越小。加之现在有很多开放的计算平台，算法的应用门槛越来越低，参与者越来越多，单独算法的价值会越来越低。未来，人工智能算法更多地会作为使能元素，附着在其他系统、应用或者产品中，成为整个系统的插件，独立存在和发展的空间越来越小。随着智能安防市场的进一步成熟，算法企业在市场竞争中将越来越被动。当然，随着人工智能"认知"能力的发展，算法在安防的管理、指挥等系统应用中辅助决策甚至调动资源的能力会越来越强，应用模式会更多样化，能够发挥更重要且不可替代的作用，那么，算法企业可获得的发展空间也会更大。

比较起来，只有数据是独特的、不可规模化复制的，是安防产业一切价值的源泉。但是，以数据采集为目标的智能感知硬件产品的标准化水平会越来越高，由此带来的一个结果是产品的同质化程度提高，市场竞争的焦点会越来越趋向于成本控制水平和销售渠道的获取。尽管短期之内，安防设备还有较大的发展空间，一方面是传统设备的智能化，如智能监控摄像头；另一种是新的智能安防产品，如安防机器人、无人机等。但长期来看，连接数据采集和处理能力，承载数据处理、分析、反馈、输出等功能的安防服务平台才是体现数据价值的中枢，在未来安防产业中将占据核心地位。

对于华为的安防业务，任正非先生曾经提出过一个黑土地理论："我们还是坚持做一块肥沃的东北黑土地，允许大家来种玉米、高粱、大豆……哪家土豆好，就让它来种土豆；哪家玉米好，就让它来种玉米；可以开放接受所有优秀的业务，这个业务群就形成了一个云平台……我们做安平的业务，也是坚持做好东北黑土地，才能和优秀公司一起有效发展。当然，不排除我们也种一棵高粱，但这个业务必须企望全球前三以上，否则就别种。"

安防平台就像是个人电脑产业的操作系统。微软公司自己并不生产电脑，但每台电脑里面都会安装该公司的 Windows 系统。标准的操作系统和标准的硬件设备共同构建了一个繁荣的 PC 生态。当然，时代不同，面对的产业也不一样，尽管理论上，如果综合来自公安、城管、交通、应急管理、市场管理等不同职能部门的多维数据，建立包括分析、预警、应急协同、资源调度等功能在内的综合应用管理系统平台，将能够彻底打破信息孤岛和部门分割，同时人工智能技术的潜力也能最大化发挥。但我们仍旧无法期待一个像 Windows 一样一统天下的安防平台出现，不同的平台会获得不同的发展空间。但无论如何，每个平台都必须构建自己的标准化体系，否则就无法承载一个生态的发展。因此，从安防行业的实践来看，各个主要玩家都在致力于建设自身的一体化服务能力，从而打通数据标准化的各个环节，为构建一个平台性的产业生态做准备。

如果我们把智能安防作为一个产业摊开来看，在这场智能化的竞争中，主要有 3 种类型的企业：一是算力提供者，主力是通用型云计算服务商，其中以阿里云、华为等领先的公有云服务供应商为典型代表；二是算法提供者，主要是人脸识别、声音识别等智能算法服务商，其中以商汤、旷视、云从等人工智能公司为典型代表；三是数据提供者，主要就是那些掌握数据入口的安防产品企业，以海康威视、大华、宇视科技等传统安防巨头为典型代表（图 10-1）。

从供给角度看，智能安防行业的一体化主要就体现在算力、算法、数据 3 种能力的提供将越来越集于一身。领先的企业都在构建自身的一体化能力。华为从芯片开始进入安防领域，到依托华为云提供系统级解决方案，最后高调投入智能摄像头生产，不惜与海康、大华等原来的芯片大客户成为正面竞争对手，以形成内部完整的安防实施能力。阿里云则是从云服务开始，通过打造城市大脑，将其计算资源和算法能力落地到包括安防在内的智慧城市建设中。最终，阿里云通过收购的方式将宇视科技收入囊中，完成了软硬一体的布局。算法企业也在尝试进入摄像头行业，希望通过 AI 算法的加持，获得在硬件上的相对优势。

图 10-1　智能安防的产业参与方

而以摄像头业务起家、以数据采集和感知为核心能力的传统安防企业也纷纷通过组建人工智能团队，开发智能感知技术和应用场景。

现阶段，安防行业还是以 G 端和 B 端客户为主，建设模式则主要是项目制，那么对于头部领先的企业来说，与其集成别人的产品或者被别人集成，还不如自建一体化的交付能力，一来内部协同效率更高，标准化更容易；二来也能肥水不流外人田。

但这种内部一体化的发展思路未来将会如何，现在还很难说。一种可能是软硬一体的生态型企业获得巨大的竞争优势，就像今天苹果公司在移动通信和消费电子领域的情况一样，特别是在 C 端安防市场能够快速被打开的情况下。否则，另一种可能就是一体化企业的风险太过于集中，安防市场整体的规模不足以支撑这种业务模式的长期发展，但又找不到除安防以外的其他市场，那么这种一体化的模式就很有可能难以为继。另外，智能安防产品和普通安防产品不同，智能意味着对数据有存储、传输、处理、分析的能力，同时主权国家对安防数据的敏感度会越来越高，那么，安防业务有可能会逐渐演变成一个一个的本地市场。大平台型企业的国际业务也很难以平台或者完整产品的方式直接输出。

二、网络安全成主角

"闭门家中坐，祸从天上来。"这句俗语就是我们未来将会面对的网络安全问题的真实写照。和传统的安全问题不同，网络安全事件往往会以一种我们想象不到的方式发生，对我们的财产甚至生命安全造成巨大的威胁。这其中既包括网络自身的安全，也包括存储在网络空间的数据的安全，以及网络能够接入的现实物理世界的安全等。

（一）网络自身的安全

想象一下，有一天所有的网站突然都打不开了，微信、QQ、支付宝等手机应用也一概没有响应，这个世界是否还能生存？

类似的情况曾经真实出现过。2016 年 10 月，恶意软件 Mirai 控制的僵尸网络对美国域名服务器管理服务供应商 Dyn 发起 DDoS 攻击，导致 GitHub、Twitter、PayPal 等许多网站在美国东海岸地区宕机，用户无法通过域名访问这些站点。同年 11 月，德国电信遭遇了一次大范围的网络故障，受网络攻击，致使大约 90 万户家庭断网。更有甚者，黑客通过互联网侵入一个区域的电网系统，一个简单的恶意程序就能够让该区域的电网崩溃。没有电，日子还怎么过？

网络不是像我们以为的那么固若金汤，实际上我们每天都在使用的网络仍旧非常脆弱。

（二）网络空间数据的安全

2018 年 8 月，华住酒店集团的用户信息在网上被公开售卖，包括用户在其官网的注册资料和旗下汉庭、橘子、全季、宜必思、诺富特、海友等酒店的入住登记身份信息和酒店开房记录，内容涉及姓名、手机号、邮箱、身份证号码等，共计 140 GB，约 5 亿条信息。国际上，万豪集团也曾经发生过近 5 亿用户的个人信息被泄露的事件。科技巨头苹果的部分 iCloud 账户被泄露，导致多位好莱坞女星的个人私生活照片被曝光在网络上，造成了巨大的社会反响。Facebook 也曾发生过数千万条个人数据信息被非法利用的报道。

以上这些还都是我们在网络空间中产生的数据。随着生物特征识别技术在金融、交通、民生、安防的各个领域的深度应用，使得个人身份信息、私人生活信息、财务信息、职业信息等全部都暴露在虚拟的网络空间中，个人资产大部分也都只是银行系统或者微信、支付宝等平台的一串数字，这些信息泄露所带来的安全威胁和潜在损失都是更加直接也更加巨大的。

（三）现实物理世界的安全

随着 5G、物联网等的应用，一个万物互联时代的帷幕正徐徐展开。万物互联让整个现实物理世界都将被数字化，而互联网正是接入这个数字物理世界的入口。同时，数字化这个硬币的反面是，我们整个世界都将暴露在网络远程攻击的威胁之下。网络安全也不再仅仅是网络的安全，而是覆盖虚拟和现实两个世界的共同问题。360 公司创始人周鸿祎认为，"我们正处于一个大安全时代。网络安全已经不仅仅是网络本身的安全，更是国家安全、社会安全、基础设施安全、城市安全、人身安全等更广泛意义上的安全"。其实，除了网络安全之外，周鸿祎先生提到的这些安全问题早已有之，而且都有各自的应对方式，只是随着网络越来越深入生活的各个角落，物联网和互联网的深度融合，网络安全将有可能会逐步走向舞台的中心，成为"大安全"时代的主角。

网络安全问题也已经得到各方面的高度重视。2017 年 6 月 1 日，《网络安全法》在我国正式实施，在保障网络安全，维护网络空间主权和国家安全、社会公共利益，保护公民、法人和其他组织的合法权益，促进经济社会信息化健康发展方面具有重要意义。但在可预见的未来，网络安全问题一定还会以各种我们意想不到的方式出现，对我们生活的方方面面都会带来不同程度的影响。安全仍将是未来数字时代最重要的命题之一。

　　而且，数字资产的安全和我们今天理解的物理资产的安全具有完全不同的特性。在物理世界中，资产安全更重要的是其所有权的归属。而在数字世界中，所有权不再是最重要的问题，使用权才是资产安全最核心的关注。在这个意义上，数字资产永远都不会"丢失"，你的数据永远都归你所有，没有人会把它拿走。当然，恶意删除数据的行为还是会发生，只是其不再具有实质的破坏意义，删除这个动作本身也就是一系列数据中的一部分。那么，只要未经授权被复制，或被非法使用，虽然你的数据还在，但实际上已经"丢"了。

　　关于安全的思维方式也可能会发生巨大的转变。开放、透明或许会成为最安全的状态。在只有人类作为唯一主宰的当下世界中，这是难以想象的。但在未来人类智能和机器智能共存的融合世界中，当一切行为、一切思维都会被数据化记录时，开放就会成为我们几乎唯一的安全选择。

第十一章 ●●●●

智能安防时代我们会更安全吗？

就像空气是我们每时每刻都要呼吸，一刻都不能离开的，但正常的时候我们根本感受不到它的存在，也不会有人关注呼吸这件事。只有当空气出问题了，例如，海拔升高之后，空气突然变得稀薄了，我们会感觉到呼吸不畅，这时候我们才会意识到空气不一样了；或者空气质量出了问题，$PM_{2.5}$（直径小于或等于 2.5 μm 的尘埃或飘尘在环境空气中的浓度）远高出正常值，工厂排放到大气中的有毒有害物质导致空气出现刺激性味道，我们才会关注空气这个我们已经习以为常的伙伴。

未来的安防也是一样，只有在安全出现问题的时候你才会关注到它的存在。安防的最终理想效果是全程"无感"。几乎在进入任何场所时，你都和在广场散步一样自由，只需要朝着你的目标前进，无须稍作停留，因为那个时刻都在关注着你的"老大哥"只在你违反相关要求时，才会将你拦下来，而不是在门口设个卡，验证你的身份合格，然后再放你进去。我们将会生活在一个没有围墙的开放空间。每个人的身份、权限、行踪都和一个平行的虚拟城市系统实时同步，你可以去哪里不可以去哪里，可以干什么不可以干什么，都已经在系统里被标识得清清楚楚。

一、越智能越安全?

同一技术用在不同的产品上，其价值大小也可能会差别很大，甚至会有天壤之别。例如，核裂变技术，既可以变成核武器，造成大规模杀伤，也可以变成核电站，服务于人类的能源需求。作为有史以来对人类社会影响最大也最具颠覆性的技术，人工智能在每一个行业的应用都有可能会彻底改变该领域固有的运行模式。那么，技术为谁所用就非常关键。同样的深度神经网络技术，如果被公安人员使用，那结果就是某歌星的演唱会成了公安机关的抓逃大会；如果被别有用心之人使用，那结果就会出现类似 DEEPFAKE 这样的换脸应用，生成各种"假"视频，造成巨大的社会影响。理论上来说，人工智能技术在安防领域的应用必定会增强安防工作的能力，但也不排除会带来一定负面影响的可能。

智能化对于天灾和人祸两种不同类型的安全问题所带来的影响是不同的。

首先，在应对灾难方面，智能传感器采集的海量数据，通过人工智能算法的处理、分析，能够显著提高我们对于灾难的预测能力，从而最大限度地降低灾难突发所带来的损失。对于厂矿企业的安全事故、火灾等绝大部分由人为因素导致的灾难事件，人工智能都能够显著提高我们的预测和预警的能力，做到防患于未然。同时，人工智能算法能够大幅提高我们事后救援的能力，包括灾难情况的实时掌握、应急指挥的效率、交通线路的优化、救灾人员和物资的调度等各个环节都会得益于人工智能技术的应用。

其次，在公共安全领域，大量智能高清摄像头的布设，让视频监控无所不在。而不断发展的云计算、边缘计算等提供的超强计算能力和 5G 等新一代通信技术所具备的超强通信能力，让我们能够实时掌握并处理、分析海量的安防监控数据，系统的预测预警能力将越来越强。强大的预测、预警能力对很多人的威慑力将越来越大。这样一来，在强大的安防能力面前，很多心怀不轨者将会知难而退，小的安全问题都有可能被扼杀在摇篮中，使得违法犯罪活动的数量和频率都双双降低。

这么看的话，安防工作的智能化程度越高，我们生活的安全系数也将越高。在整体提升我们安防水平的同时，人工智能技术的广泛应用也不免会带来一些负面的影响。

与智能化程度提高同步，安防系统的自动化程度也必然不断提高。我们在安防工作中对于机器数据和智能系统的依赖程度也会越来越高。这一点与证券市场的机器自动交易很类似，清楚的规则设定让机器能够非常准确地执行日常的交易指令，使得机器的交易效率和效果都远胜人类。而当股市行情不好、股价大幅下跌的情况发生时，这套自动交易系统会根据预先设置的规则在每一个止损点都自动执行卖出指令，从而使整个市场雪上加霜，加速下跌，最终给市场和投资人都造成灾难性后果。同样的道理，虽然说人工智能技术的应用让很多可能发生的安全事件都胎死腹中，但是一旦问题发生，也很有可能会带来系统性连锁反应，使得单个事件破坏性会更强更大。这还是在人工智能技术仍旧处于受控状态下可能会出现的情况。如果说人工智能的能力一旦超出人类控制，那么对于我们来说，安全与否的标准可能都要重新判断，安全的概念也可能要重新定义。这里所谓的超出人类控制还不是说通用人工智能实现、机器智能全面超越人类的情况，而是指我们无法理解技术本身的运行机制，因此，也无法对技术的影响实施有效控制。类似深度学习这样的人工智能技术，的确能够很好地解决一些问题。但很多时候，这些问题到底是怎么被解决的，其逻辑和机制却像是一个黑箱，我们无从得知。那么问题来了，如果我们没办法了解一种技术是如何解决问题的，当面对由这种技术的应用所带来的问题时，我们又怎么能知道应该如何去解决呢？

最后，公共安全事件之所以会发生，其根源是社会矛盾的累积、是贫富差距的加大、是公平正义被践踏等。因此，真正能够避免公共安全事件发生的也不是监控摄像的多少，更不是安防技术的优劣，或者智能化水平的高低，而是如何更好地消解这些根源性的问题。如果我们把整个社会看作是一个大的有机体，那么公共安全事件的发生实际上就是社会矛盾的极端体现，就像我们每个人都会感冒一样，是这个有机体自我调节和疗愈的过程。常言说："小病不断，大病不犯。"如果我们过度使用抗生素，平常看着身体很不错，有点小病一吃就好。但当真正致命的疾病出现时，我们很有可能会面对"无药可救"的窘迫局面。同样的，如果我们通过某种技术手段（如人工智能技术）人为抑制了这个有机体的自我调节过程，那么这些潜藏下来的本来分散、微小的问题一旦累积成一个大的事件，那也许就会带给我们一个不可承受的打击。

二、谁会成为"老大哥"？

乔治·奥威尔在其传世之作《1984》中，描绘了一个处于极权政府高度监控之下的社会，有一个老大哥无时无刻不在关注着你的一举一动。古今中外，可能有无数的统治者都曾经想象过类似的情形，但奥威尔的政治幻想对于技术条件的要求之高远非以往的人类能够达到的，那样一个社会形态的运转成本也远超一个传统社会能够负担的极限。而且，从社会发展的规律来看，以政治统治为目标的监控系统，会限制社会的活力和人民的创造力，进而削弱一个国家或地区的竞争力，反而会滋生出更大的社会矛盾，带来更多的问题。但以维护社会安全为目标的监控系统还是具有很强的现实意义和很高的社会价值的。同时，在摄像头、传感器等硬件技术高度成熟，人工智能、云计算等快速发展的当下，建设这样一个系统的操作性已经非常高。未来我们的社会中出现一个"老大哥"的可能性还是非常高的。"老大哥"应该长什么样，具备多么强大的能力，有什么样的权力等都是今天我们应该思考和讨论的问题。在这里我们还很难有一个答案或者任何结论性的判断，只有以下几点思考供大家参考。

（一）得数据者得天下

我们已经处于一个高度数据化的时代。每个人都像是一个产生数据的机器，一言一行、一举一动都在被数字化，变成一个个字符串存储起来。这些数据被各种不同的人或者合法或者不合法地使用，很多时候我们对此完全不知情。而在我们生成的所有数据中，安防数据又很特别。总结起来，安防数据就是由特定的人（政府执法机关），为特定的目的（维护社会安全），通过特定的方式（安防监控等）采集并使用的数据。这使得安防数据成为最难获取也最"安全"的数据。

同时，智能安防的数据具有极高的价值。智能安防数据是人在现实世界的活动轨迹，如行踪信息。如果加上人在虚拟世界的活动痕迹。例如，互联网上的活动，组合起来就是一个人完整的数据生命体。还可以和手机、可穿戴设备等的数据结合，就能多维度定位、追踪、复原一个人的全部生存轨迹，成为一个人的数字孪生体。

智能安防数据是高度反映人类现实世界生活的数据源，将与人类在虚拟世界产生的数据共同组成人类的数字生命，其重要性不言而喻，已经远超出现有的商业思考的范畴，构成未来社会的关键基础资源。

或者说，智能安防数据在一定意义上就像是人类数据图像的最后一块拼图，谁能够获得智能安防数据，谁就有机会掌握人类的数字未来。那么，究竟谁应该拥有智能安防数据，成为那个"老大哥"呢？

（二）谁拥有采集数据的权力？

安防数据的生命周期是从采集开始的。对于公共安全数据的采集，毫无疑问应该是公安机关等执法部门的权力。但是，也有两个维度的问题值得思考和讨论。

一是数据采集的范围，特别是一些具有公共属性的开放、半开放空间是否应该设置监控设备。特别是，这些空间的运营主体是否应该拥有这些监控数据的存储、使用的权限？例如，餐厅、商场等运营方是否能够随意查看其监控设备的数据？想象一下，有一个打扮入时的女士到餐厅吃饭，引起了餐厅老板的注意，并对其产生了一定的好感。同时，餐厅的监控摄像头完整记录下了该女士的所有行为。打烊之后，老板迫不及待地打开监控的设备，将该女士的图像重放了很多遍，仔细查看了每一个角度拍摄的影像。这算不算是对于监控数据的滥用？二是应该采集哪些数据？尤其对于视频监控来说，人脸识别是一个较为敏感的技术。安防监控是否应该采集人脸的生物特征数据以用于身份识别？在大部分情况下，作为公共安全用途的人脸识别技术，是得到了人们的认可的。但也有例外，2019 年 5 月，美国科技重镇旧金山的监事会就以 8 票赞成、1 票反对的结果通过了一项禁令，宣布禁止该市所有单位使用人脸识别技术，包括警察局等政府部门。旧金山也成为全球首个推出人脸识别禁令的城市。

（三）谁拥有使用数据的权力？

首先，对于安防数据来说，必须保证的一点是，只有以安全为目的的使用要求才能被满足。安防数据绝对不应该被用于除安全以外的其他目的。但是，在对数据的使用上，仍然有两个问题需要考虑：一个问题是公安机关以安全为由是否可以使用其他非安防设备采集或者生成的数据？这个问题涉及公共安全和个人隐私孰轻孰重的考虑，不同的人或者同一个人在不同的情境下都很有可能有不一样的判断。例如，2016 年，美国联邦调查局（FBI）曾经为了了解一起枪击案嫌疑人的 Iphone 手机数据，要求苹果公司协助解锁该手机，但苹果公司断然拒绝了 FBI 的要求。而同为科技巨头的微软公司创始人比尔·盖茨在对该事件的评论中却表示，公司应该配合公共安全部门的解锁要求。另一个问题是应不应该存在一个超级力量可以调用所有的智能安防数据？例如，国家安全部门是否应该有权调用所有的监控数据？一个城市或者地方的安全机构是否应该独立拥有本地数据的使用权？智能安防数据的共享究竟应该分享数据处理和分析的结果还是应该分享原始数据？

（四）智能安防是否会出现委托代理问题？

在人工智能还是有限智能的阶段，人工智能还只是在特定领域或者方向上具备超越人类的能力，帮助人类解决特定的问题。这个时候的人工智能所扮演的就是人类的一个超级助手的角色。在智能安防领域也不例外，随着人工智能技术的发展，其智能水平会越来越高，能够处理和解决的问题越来越多，人类也必然会把更多的职能交由人工智能算法来处理。逐渐地，我们开始依赖人工智能做出判断，并基于这些判断做出我们的最终决策。在这个过程中，我们几乎已经放弃了自己去查看数据的权力，完全交由人工智能进行处理和分析，甚至大多数时候我们都不知道人工智能究竟是怎么进行分析的，就习惯性地采用了人工智能的分析结果。这时候，在人工智能和我们人类之间就出现了一种类似于人类社会内部常见的委托代理问题。我们就像是委托人，将数据采集、分析、行动等工作委托给人工智能来操作。人工智能就像是代理人，理论上按照我们的诉求完成相应的工作，但实际上其判断和行为往往会出现和人类期望不一致的情形。我们这里谈论的人工智能已经不只是一个能完成自动计算工作的程序，而是一个具备自主学习能力、思维和行为模式可能会超出我们认知的智能算法。不要忘了，Alpha Go 曾带给李世石和一众人类顶级围棋选手的困惑、无奈和绝望，而 Alpha Go 还只是一个初级智能。

当这种人类和机器之间的委托代理问题真的出现时，我们应该如何重新调整人类和人工智能之间的协作关系？特别是在对于人类自身安全具有重大影响的安防领域，智能安防的工作又将何去何从？当人工智能快速进化，有一天真的出现全面超越人类的超级智能时，我们又将面对什么样的情境？

不要以为这是天方夜谭，或者至少在我们的有生之年不会出现。在《奇点临近》一书中，雷·库兹韦尔认为，随着技术的加速发展，在 2045 年前后，我们将会迎来决定人类命运的奇点。经过几十年时间的努力，人类创造的第一个通用人工智能将会出现。尽管这个通用人工智能还只具备相当于人类幼儿的智力水平，但其超强的学习和进化能力，让其在诞生之后的一个小时，就能推导出爱因斯坦的相对论，再过一个半小时，这个通用人工智能就会进化成为超级智能，智力水平达到普通人类的 17 万倍。从此以后，人工智能和人类之间的关系将会出现根本性的改变。

当这一天真的来临之时，安全对于我们来说将会成为一个全新的命题。安防不再是我们面对天灾、人祸时的应对策略，首先是我们和一个具备超级智能的新物种之间的对抗。

参考文献

[1] 吴军 . 智能时代：大数据与智能革命重新定义未来 [M]. 北京：中信出版集团，2016.

[2] 李开复，王咏刚 . 人工智能 [M]. 北京：文化发展出版社，2017.

[3] 尼克 . 人工智能简史 [M]. 北京：人民邮电出版社，2017.

[4] 腾讯研究院，中国信息通信研究院互联网法律研究中心，腾讯 AI Lab，等 . 人工智能：国家人工智能战略行动抓手 [M]. 北京：中国人民大学出版社，2017.

[5] 张德，胡懋地 . 智能安防新技术：大空间建筑中基于视频的步态分析 [M]. 北京：电子工业出版社，2016.

[6] 都伊林 . 智能安防新发展与应用 [M]. 武汉：华中科技大学出版社，2018.

[7] RAY KURZWEIL. 奇点临近 [M]. 董振华，李庆诚，译 . 北京：机械工业出版社，2011.

[8] 漆桂林，高桓，吴天星 . 知识图谱研究进展 [J]. 情报工程，2017，3（1）：5-10.

[9] 中国电子技术标准化研究院，全国信息技术标准化技术委员会生物特征识别分技术委员会 . 生物特征识别白皮书 2017[R].2017.

[10] 中国信息通信研究院 . 数字孪生城市研究报告 2018[R].2018.

后　记

就在本书即将付印之际，2019 年 10 月 30 日，华为正式发布了一个智能视频算法商城——HoloSens Store。根据华为智能安防产品线总裁的说法，HoloSens Store 就是让使用者从"想法"到"算法"不再遥不可及，让开发者从"算法"到"应用"不再是空中楼阁，并且认为 HoloSens Store，将影响未来安防十年的发展！

而个人拙见，这一影响可能远远不止 10 年。对于整个安防行业的发展来说，HoloSens Store 的重要意义在于开启了一个全新的模式。如果说本书中对于安防智能化实现路径的分析在一定程度上还只是理论推测的话，那么 HoloSens Store 就是产业界在实践层面对于智能安防平台的探索。二者在方向上的一致性让笔者对本书中所做的推断有了更多的信心。尽管对于 HoloSens Store 是否能够取得商业上的成功，我们还很难预言。但笔者相信，华为的这一举动就像是一颗火种，必将会照亮安防智能化发展的前路。

当然，仅仅一个华为的算法商城还远远不够，安防产业的智能化发展还需要在两个方面进一步取得突破。一方面，平台的功能角度，算法商城只是第一步，产业真正需要的实际上是一个应用商城。或者说，算法商城实质上是硬件和软件的平台化连接，未来我们还需要实现人和机器、目标和能力、系统和资源、物理世界和虚拟世界之间的广泛连接，而这些都已经大大超出算法的范畴，需要一个一个的应用来实现。另一方面，我们还需要取得从华为生态到产业生态的突破。安防的平台，考虑安防工作对于数据共享的高需求，无论是算法平台还是应用平台，都不应该成为 IOS 那样的封闭体系，而是要成为 Android 一样的开放生态。

"一花独放不是春，百花争艳春满园"。在智能安防的模式创新方面，华为已经做出了非常好的示范。但安防行业智能化目标的实现，还需要更多的力量加入，共同推动。希望其他安防相关企业能够快速跟进，搭建各具特色的安防智能平台。另外，由政府相关部门或者行业组织推动成立一个类似工业互联网联盟性质的机构，打破边界、协调资源、制定标准，推动智能安防互联网平台的发展，是其中非常重要的一个因素。

真正决定或者改变一个产业长期发展的往往不是技术，而是思路。发展至今，安防早已不再传统，而是成为一片得到很多全球领先的科技公司高度关注并重点投入、聚集了大量优秀人才的前沿技术应用和模式创新的肥沃土壤。因此，我们有理由相信，未来的安防产业将会充满机会和空间，而我们也必将会生存于一个更加安全的世界。